Power Automate
ではじめる
ノーコード

iPaaS
開発入門

掌田津耶乃 著

Rutles

「サービス」をプログラミングする!

　「ビジネスでパソコンを利用する」とは、昔から誰もが口にするセリフです。しかし、その内容は時代に応じて大きく変化しました。少し前なら、それは「ExcelとWordを使うこと」だったでしょう。が、今の時代、そんな単純な使い方をしているほうが少数派かもしれません。

　表計算はGoogleスプレッドシート、ファイルの保存はOneDrive、メールはGmail、スケジュール管理はGoogleカレンダー。パソコンは、今や「ソフトをインストールして使う」ものではなくなっています。使うソフトはWebブラウザだけ。そこから、あらゆるサービスに接続し同時並行して作業を進めていく。そんな使い方が当たり前となってきました。

　そんな時代に「業務の効率化」を進めるにはどうすればいいのか。答えは1つです。「あらゆるサービスを自動化する」のです。これが「iPaaS（Integration Platform as a Service、サービスとしての統合プラットフォーム）」という考え方です。

　アプリケーションやOSの操作を自動化するツールはこれまでにもたくさんありました。しかし、さまざまなWeb上のサービスを自動化するツールというのは、なかなかないでしょう。それを実現してくれるのが「Power Automate」です。

　本書は、このPower Automateを使ったサービスの操作方法について説明をします。スプレッドシート、メールサービス、ストレージサービス、TwitterやRSSなどの投稿、GoogleカレンダーやTeams、Slackなどの投稿管理など、業務で多用されている主なサービスの利用について一通り取り上げています。

　また、このPower Automateは「プログラミングツール」としての側面も持っています。そこで変数や各種の値の操作、データの入出力、条件分岐や繰り返しといった構文についてもページを割いて説明しました。

　Power Automateは誰もが無料で利用することが可能です。まずは、この本を手に「サービスの統合化」というのがどんなものか体験してみましょう。広大なインターネットの世界に散らばるさまざまなサービスがつながり整然と処理されていく姿は、なかなか感動的ですよ!

2022年1月　掌田津耶乃

※Power AutomateとWeb版Excelの連携については「Office ScriptによるExcel on the web開発入門」（ラトルズ刊）でも説明しています。そちらもご覧ください。

C o n t e n t s

Power Automate ではじめるノーコード iPaaS 開発入門

COLUMN

Chapter 1

Power Automateを準備しよう

ようこそ、Power Automateの世界へ。
Power AutomateはさまざまなWebサービスを連携して自動処理します。
まずはその基本的な使い方を覚えましょう。
そしてテンプレートを利用して実際にフローを作り、動かしてみましょう。

Chapter
1

1.1.
Power Automateとは？

作業の「自動化」を考える

　ビジネスにおけるコンピューティングは年々その複雑さを増しています。「ワープロと表計算が使えれば OK」だったのは遠い昔の話。ふと気がつけば会議はZoom、プロジェクト管理はTeams、業務アプリの開発すらノーコードで自作するのが当たり前の時代となりつつあります。

　このように、さまざまなコンピュータ上の作業を次々とこなしていかなければならない時代がくることを誰が想像したことでしょう。今、ビジネスにおけるコンピューティングにもっとも必要なのは、この「複雑化された作業を自動化する力」ではないでしょうか。

RPAの時代

　作業の自動化のためのソフトウェアは、実は以前からありました。その代表とも言えるのが「RPA」と呼ばれるプログラムです。

　RPAとは「Robotic Process Automation」の略で、プロセスの自動化を行うためのプログラムです。わかりやすく言えば「さまざまなビジネススイートの操作を自動化するマクロ」のようなもの、と考えるとよいでしょう。これにより、いくつものアプリを切り替えながら行うような作業をすべて自動的に実行させることができるようになりました。

　このRPAをうまく使いこなせば、複雑な作業もずいぶんと楽になったのです。……少なくとも、少し前までは。

iPaaSの時代

　が、残念ながら、さらにコンピューティングが進化した現在では、RPAですべてが片付くことはなくなってしまいました。なぜなら、ビジネスで必要とされる作業の多くが「ローカルなアプリ」ではなく、「インターネット上のサービス」に置き換わりつつあるからです。

　現在、多くの業務がインターネット上に移行しています。ワープロや表計算といったビジネススイートはもちろん、プロジェクト管理から電話や会議に至るまで、あらゆる業務がインターネット上のサービスを使って行われるようになりつつあります。もはや、誰も「ローカル環境にインストールしたアプリ」を使って作業などしなくなっているのです。

　このような時代に必要なのは単純なRPAではなく、インターネットにあるさまざまなサービスにアクセスし、必要な情報をやり取りしていくような自動化ツールです。各種のサービスを統合して利用するための新たなソフトウェアが必要なのです。それが、「iPaaS」です。

Power Automateと「iPaaS」

iPaaSとは、「Integration Platform as a Service（サービスの統合プラットフォーム）」の略です。さまざまなインターネットサービスを統合し、利用する機能を提供するプラットフォームのことです。

このiPaaSとして現在、もっとも広く利用されているのがMicrosoftの「Power Automate」でしょう。これはさまざまなタスクを自動化するためのもので、大きく2種類のものが用意されています。

●Power Automate for Desktop（PC用アプリ）

パソコン用のアプリケーションです。いわゆるRPAのためのもので、パソコンにインストールされている各種アプリケーションの操作を登録し、自動的に実行するためのものです。対応しているソフトはOSの基本操作の他、Webブラウザ、Microsoftのビジネススイート（Excel、Outlookなど）です。

図1-1：デスクトップ版のPower Automate。パソコンの操作を自動化する。

●Power Automae（Webサービス）

インターネットサービスとして提供されるPower Automateは、iPaaSのためのものです。Webサービスとして公開されており、Webブラウザからサイトにアクセスして利用します。インターネットで提供されている各種のサービスと連携しており、さまざまなサービスの機能を呼び出す処理をつなぎ合わせ、自動化して実行させることができます。

図1-2：Webサービス版のPower Automate。Webサービスの操作を自動化する。

RPAとiPaaS

この2つは同じPower Automateという名前ですが、まったく別のものと考えるべきでしょう。デスクトップ版のPower AutomateはRPAソフトであり、「パソコンの操作を自動化するマクロ」のようなものです。対象はパソコンの中だけで、インターネット上のサービスは対象としていません。

これに対してWebサービスのPower Automateは、iPaaSを実現するものです。インターネット上にある各種のサービスにアクセスし、処理を自動化したいというとき、使えるのは「Webサービス版のPower Automate」だけです。

　本書ではWebサービス版のPower Automateを使い、「インターネットで提供されるサービスの統合」について学習していきます。デスクトップ版についてはすでに初心者向けの入門書がいくつも出版されていますので、それらを利用してください。

Power Automateの特徴

　Webサービス版Power Automateとはどのようなものなのでしょうか？　その特徴を簡単に整理しておきましょう。

Microsoftのサービスの1つ

　Power Automateは、Microsoftが提供するビジネススイートサービスの1つです。Microsoftアカウントでサインインし利用します。これはMicrosoftの提供するOfficeスイートとも連携しており、Officeのプラン（現在、「Microsoft 365」として提供されているもの）に応じてPower Automateの利用範囲が決まります。

　特に有料契約しておらず、かつ個人で利用しているならば、そのアカウントでは無料のOfficeスイートが利用できるようになっています。

　Power Automateも無料プランで提供される機能のみが使えるようになっています。また「プレミアム」プラン（有料プラン）で契約すると、Power Automateのプレミアムのみ利用可能な機能がすべて使えるようになります。

　プランの変更はいつでも行えるので、まずは無料で利用開始しましょう。実際に使ってみて、不自由を感じたならプレミアムの契約を行えばいいのですから。

ノーコード開発!

　Power Automateで作成する処理は「フロー」と呼ばれます。このフローを作成するのがPower Automateの役割です。

　フローでは多くのサービスを操作することができます。すべてコードを記述しません。用意されている操作の項目をつないで設定していくだけで、まったくのノンプログラミングで処理を作れます。

　ノーコードでは複雑なことはできないのでは？　と思うでしょうが、例えば条件による分岐処理や配列データの繰り返し処理など簡易プログラミングのような機能も持っており、思った以上に複雑な処理を作成可能です。

対応サービスの多さ

　この種のサービスを自動化するものは他にもいくつかありますが、Power Automateほど多くのWebサービスに対応しているものは他にないでしょう。

　マイクロソフトのサービスはもちろんですが、ライバルであるGoogleのWebサービスや、Twitter、InstagramなどといったメジャーなSNS、Dropboxなどのオンラインストレージサービスなど幅広いサービスに対応しています。なおかつ独自の機能を提供するサービスなども多数あり、その数は日増しに増えています。

Power Automateに登録する

Power Automateを利用するためにはサービスに登録する必要があります。まずはPower Automateの Web サイトにアクセスをしましょう。

https://japan.flow.microsoft.com/ja-jp/#

図1-3：Power Automate のサイト。「無料トライアルを始める」ボタンをクリックする。

アクセスすると、画面に「無料トライアルを始める」というボタンが見つかります。これをクリックしましょう。

新たにタブが開かれ、Power Automate登録のための画面が現れます。ここではメールアドレスを入力するフィールドが用意され、その右側に「無料で始める」というボタンが表示されます。

この入力フィールドに、登録するメールアドレスを記入し、「無料で始める」ボタンをクリックすれば、そのメールアドレスでアカウントの作成を行います。

図1-4：メールアドレスを入力し、ボタンをクリックする。

メールアドレスがMicrosoftによって管理されていないものだった場合には、確認のリンクが表示されます。このまま「この電子メールで続行する」リンクをクリックして登録を進めてください。

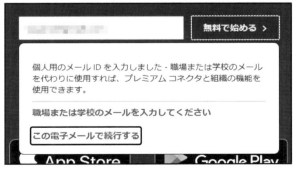

図1-5：メールアドレスの確認が現れる。

Microsoftアカウントのサインイン画面に
なります。もし、入力したメールアドレス
でMicrosoftアカウントが登録済みであれば、
そのままサインインします。

Microsoftアカウントをまだ登録してい
ない場合は、「新しいアカウントを作成して
ください」のリンクをクリックしてください。
アカウントの作成画面に進みます。

図1-6：サインインの画面。アカウントを登録していない場合は、アカウント作成のリンクをクリックする。

Microsoftアカウントの作成

「アカウントの作成」という表示になります。
このまま「次へ」ボタンをクリックして次に
進みます。

図1-7：アカウントの作成画面に進む。

アカウントに登録するパスワードを入力し
ます。適当なパスワードを記入し、次に進み
ましょう。

図1-8：パスワードを入力する。

名前の入力画面になります。名字と名前を
それぞれ記入して次に進んでください。

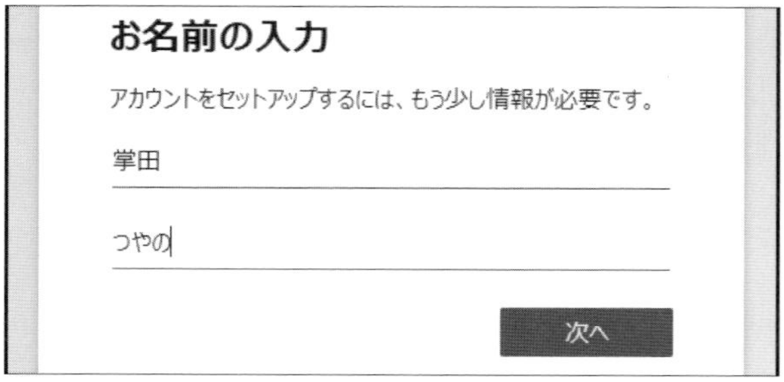

図1-9：名前を入力する。

　国と生年月日を入力します。国は「日本」が自動設定されているはずですが、設定されていなければリストから選んでください。これらを設定して次に進みましょう。

図1-10：国と生年月日を入力する。

　登録メールに確認コードが送られます。送られてきた番号を入力して次に進んでください。

図1-11：確認コードを入力する。

　ロボットでないことを確認するため、クイズが表示されます。「次へ」ボタンをクリックして、表示されるクイズに回答をしてください。いくつかあるイメージから正しいものを選ぶなど、非常に単純なものです。

アカウントの作成

ロボットでないことを証明するために、クイズに回答してください。

次

図1-12：「次へ」ボタンをクリックするとクイズが表示されるので回答する。

クイズに回答するとアカウントが作成され、最後にセキュリティ情報の確認画面が現れます。問題なければ、「問題ありません」ボタンをクリックしてください。

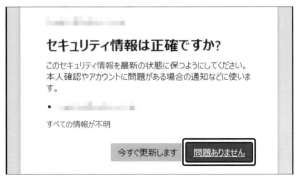

図1-13：「問題ありません」ボタンをクリックする。

Power Automateスタート!

作成したアカウントでPower Automateにサインインし、サイトにアクセスします。最初にアクセスしたときには、画面に「Power Automateによようこそ」という表示が現れます。そのまま「開始する」ボタンをクリックすれば、利用が開始されます。

さあ、これでようやくPower Automateが利用できるようになりました！

図1-14：Power Automateの利用を開始する。

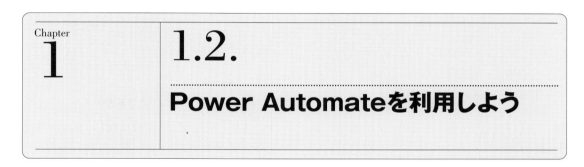

Chapter 1

1.2.
Power Automateを利用しよう

Power Automateのホーム

　Power Automateにサインインしアクセスすると、まず画面に表示されるのは「ホーム」というページです。クックスタートの動画リンク、主なテンプレート、人気のあるサービスといった情報がまとめられています。Power Automateを利用する際に一番必要となりそうな情報をピックアップして表示しているのですね。

　画面を見ると、上部に「Power Automate」とタイトル表示されたブルーのバーが表示され、左端にはリストが縦に表示されているのがわかります。これは、Power Automateに用意されている各種機能のページをまとめたメニューのようなものです。このリストの一番上には「ホーム」という項目があって、これが現在選択されたページというわけです。

図1-15：Power Automateにサインインすると「ホーム」画面が表示される。

用意されているメニュー項目

　左側のリストには、Power Automateに用意されている各種機能がまとめられています。どのような機能が用意されているのかざっと整理しておきましょう。

ホーム	現在開いている画面がこれです。
実施項目	「承認ワークフロー」「ビジネスプロセスフロー」といったフロー（Power Automateで作成した処理）に関するものです。「承認」以外はプレミアム（有料プラン）のみ利用可能です。
マイフロー	自分が作成したフローを管理するところです。
作成	フローを作成するためのものです。
テンプレート	標準で用意されているテンプレートを一覧表示し、使いたいものを選んでフロー作成をします。
コネクタ	各種のサービスに接続するコネクタを管理するものです。
データ	各種のデータ（データベース、接続、カスタムコネクタ、ゲートウェイ）を管理するところです。機能によってはプレミアムでのみ使えます。
監視	フローの実行状況などを管理するものです。
AI Builder	「AI Builder」という機能を使うためのものです。プレミアムのみ利用可です。
Prosecc Adviser	「Prosecc Adviser」という機能を使うためのものです。プレミアムのみ利用可です。
ソリューション	ビジネス用アカウントのみ表示されるものです。
詳細	Microsoft Igniteというドキュメントサイトを開きます。

これらは、すべて一度に覚える必要はありません。プレミアムでのみ利用可能な項目もありますから、ここに用意されているものすべてを使うわけではありません。ざっと「このような機能があるらしい」程度に頭に入れておいてください。詳細はいずれ説明していきますから、心配はいりません。

フローとテンプレート

これらの中でまず最初に利用することになるのは、「フロー」と「テンプレート」に関するものでしょう。「フロー」というのは先に触れたように、Power Automateで作成する処理のことを示します。何かの処理を行わせたいときはまず新しい「フロー」を作成し、その中に実行させる処理を組み込んでいきます。

このフローは新たに自分で作ることもできますし、あらかじめ用意されている「テンプレート」を使って作ることもできます。テンプレートとは、汎用的なフローを誰でもコピーして作れるようにしたサンプルです。やってみたい処理がテンプレートとして用意されていたなら、それを元にフローを作れば、ユーザーは何も作業をしないで処理を実行できるようになります。

フローは、左側にあるメニューリストの「ホーム」「マイフロー」「作成」「テンプレート」といったところのどこからでも作成することができます。

テンプレートからフローを作る

実際にフローを作って動かしてみましょう。今回は、用意されているテンプレートを使ってフローを作成してみます。

現在、左側のメニューリストでは「ホーム」が選択されています。この画面の上部にテキストを検索するためのフィールドがあります（右端にルーペアイコンが表示されているフィールドです）。ここに「ボタンをクリック」と入力して[Enter]キーを押してください（または右側のルーペアイコンをクリックします）。これでテンプレートが検索され、下に一覧表示されます。

図1-16：「ボタンをクリック」でテンプレートを検索する。

テンプレートを選択する

検索されたテンプレートの中から、「ボタンをクリックして、メモをメールで送信します」というものを探してください。これを利用することにしましょう。このテンプレートをクリックしてください。

図1-17：「ボタンをクリックして、メモをメールで送信します」テンプレートをクリックする。

テンプレートの内容を確認

　選択したテンプレートの内容が画面に表示されます。上部には「モバイルのFlowボタン」「Mail」という2つの表示が並んでいますね。これらは、このフローで使っている機能（コネクタ）を示します。

　フローでは、さまざまな機能の呼び出しを並べて処理を作っていきます。それらはPower Automateに組み込まれているものもあれば、他のWebサービスに接続して処理を実行するものもあります。

　ここに表示されているのは、「このフローでどのようなものを利用しているか」を表します。「モバイルのFlowボタン」というのは、Power Automateに用意されている「トリガー」と呼ばれるものです。「Mail」は、メール送信機能に接続する「コネクタ」という機能を示します。このフローは「モバイルのFlowボタン」というトリガーと、「Mail」コネクタを利用して動いているものだ、ということがこれでわかります。

　下には「このフローの接続先は次のとおりです」と表示があり、その下に「Mail」が表示されています。ここでは「Mail」コネクタを使ってMailというサービスに接続していることを示しています（トリガーは外部への接続ではないのでここには表示されません）。これを見れば、このフローを実行するためにどんなサービスにアクセスするのかがわかります。

　表示内容を一通り確認したら、画面の下部にある「フローの作成」ボタンをクリックしましょう。テンプレートを元にフローが作成されます。

図1-18：フローを開くと、接続先などの情報がまとめて表示される。

フローの内容を表示する

　フローが作成されると、そのフローが開かれ、内容が表示された画面に切り替わります。フローの詳細、接続、所有者、最近の実行履歴などがまとめられています。上部には「編集」や「削除」「実行」といったリンクが並んでおり、ここからフローを再編集したり、実行や削除を行えます。

　この画面は作成したフローを開くと表示されるものですが、ここに用意されているもっとも重要な情報は「実行履歴」でしょう。フローの中には自分で実行するだけでなく、必要に応じて自動的に実行されるようなものもあります。そのようなフローでは、「自動的に実行されたけどエラーが起きて動かなかった」というようなこともあるでしょう。

　この画面から実行履歴を開くことで、実行したときの状況を確認することができます。エラーになった場合も、どこでどういう問題が発生したか、実行履歴から調べることが可能です（これは後ほど実際に確認してみます）。

図1-19：フローの詳細表示画面。フローの詳細情報の他、実行履歴もここでわかる。

マイフローで確認

　作成されたフローを確認しましょう。左側のメニューリストから「マイフロー」をクリックして選択してください。画面に「フロー」という表示が現れ、その下に「クラウドフロー」「デスクトップフロー」といったいくつかのリンクが表示されます。これらはフローの種類を表します。Web版のPower Automateで作成した一般的なフローは、「クラウドフロー」として保管されています。

　「クラウドフロー」を選択すると、作成した「ボタンをクリックして、メモをメールで送信します」というフローが表示されます。この項目の前頭にあるチェックをクリックしてONにすると、上部に「編集」「実行」といったリンクが現れ、選択したフローを編集したり実行したりできるようになります。

図1-20：「マイフロー」を選択すると、作成したフローが「クラウドフロー」として表示される。

フローを実行する

　では、作成したフローを実際に動かしてみましょう。「マイフロー」のクラウドフローに表示されている「ボタンをクリックして、メモをメールで送信します」フローをクリックして選択し、上部の「実行」リンクをクリックしてください。画面右側にサイドバーとして「フローの実行」というパネルが現れます。

　ここでは実行するフローで利用するサービスとサインインの状況が表示されます。サービスによってはあらかじめサインインしておかなければいけない場合があるので、この場でサインインの状況を確認しながら作業を進めます（サービス名の右側にチェックマークが表示されていれば、サインインして実行する準備が完了しています）。

　すべてのサービスにチェックマークが表示されていたら、「続行」ボタンをクリックしてください。

図1-21：フローの実行画面。「続行」ボタンをクリックする。

実行時の値を入力

　パネルの表示が変わり、「Email Subject」「Email Body」といった入力項目が表示されます。これらは送信するメールのタイトルと本文を記入するものです。

フィールドにそれぞれテキストを記入して「フローの実行」ボタンをクリックしましょう。入力された値を使ってフローが実行されます。

図1-22：Email Subject、Email Bodyにそれぞれテキストを入力して「フローの実行」ボタンをクリックする。

フローの実行終了

パネルの表示が変わり、「フローの実行」という表示の下に大きなチェックマークが表示されます。エラーがなく最後まで実行できれば、このようにチェックマークが表示されます。

メールを確認する

実行結果を確認してみましょう。今回のフローは入力した内容をメールで送信するものです。Power Automateにアカウントとして登録したメールアドレスをチェックしてください。このメールアドレスに宛てて、Microsoftからメールが送信されてきます。

図1-23：フローが実行され、実行結果が表示される。

このメールを開くと、先ほど入力したEmail SubjectとEmail Bodyのテキストがメールのタイトルと本文に設定されているのがわかるでしょう。

図1-24：Microsoftから届いたメール。入力したテキストが設定されている。

実行の状況を調べる

では、フローがどのように実行されたのか、その状況を確認してみましょう。「マイフロー」からフローをクリックして詳細表示画面を開いてください。そこに「28日間の実行履歴」という表示があります。ここに、先ほど実行したフローの履歴が表示されます。履歴の項目をクリックすると、実行状況の画面が開かれます。

図1-25：実行履歴にある項目をクリックして開く。

フローの内容

開かれた画面には、「手動でフローをトリガーします」「Send email」といった項目が縦に表示され、矢印でつながっています。これがフローで実行している内容です。

一番上の「手動でフローをトリガーします」という項目は「トリガー」というもので、フローを呼び出す機能を表しています。その下の「Send email」は「アクション」と呼ばれるもので、メールの送信を実行します（このあたりの役割については、次のChapterで改めて説明をします）。

図1-26：フローの中には実行するトリガーやアクションなどが並んでいる。

ここで具体的な働きなどまで理解する必要はありません。フローは、このように「実行するものが順番につながって作られている」ということがわかればいいでしょう。

トリガーの実行内容

「手動でフローをトリガーします」という項目をクリックしてみてください。表示が展開され、実行内容が表示されます。

「入力」というところには「スキーマ」という表示があります。これは、このトリガーが呼び出される際にやり取りする情報だと考えてください。この内容などまで理解する必要はまったくありません。

重要なのは、その下の「出力」のところです。「Email Subject」「Email Body」といった項目があり、ここにフローを実行した際に入力したテキストが表示されています。このフローを実行したとき、どのような値が入力されたか、ここで確認できるのです。

図1-27：トリガーの「出力」には入力内容が表示されている。

アクションの実行内容

　続いて、その下の「Send email」をクリックして展開表示しましょう。ここにも「入力」「出力」といった項目が用意されています。

　「入力」のところには「宛先」「件名」「本文」といった項目があり、これらに値が設定されています。トリガーの出力にあったテキストと、アカウント登録されたメールアドレスがこれらに設定されているのがわかるでしょう。「出力」には何も表示はされていません。この「Send email」というアクションは何かの結果を返すようなものではないため、出力は空になっています。

　このように、実行したアクションに渡されている値（入力）と、実行結果など返される値（出力）が、ここで確認できます。これらを見れば、何か問題が発生したときも、どこにその原因があるのか調べることができるでしょう。

図1-28：アクションの入力には、アクションに渡された値が表示される。

その他の知っておきたい機能

　これで、テンプレートを使ったフローの作成から実行まで一通り行えるようになりました。この他に、フローを扱う上で覚えておいたほうがよい機能についていくつか補足しておきましょう。

接続の管理

　左にあるメニューリストから「データ」という項目をクリックすると、いくつかのサブ項目が表示されます。その中の「接続」をクリックしてください。

　これは、現在利用している接続の管理画面です。「接続」とはPower Automate外のサービスにアクセスするための機能のことです（「コネクタ」と呼ばれます）。あるサービスを利用する場合、そのサービスのコネクタを追加して、それを利用してサービスにアクセスを行います。「追加されて使えるようになっているコネクタ」が、この「データ」の「接続」に一覧表示されます。

　現在、「Mail」というコネクタが表示されているでしょう。先ほどの「Send email」アクションで使用する「Mail」というサービスへのコネクタです。このようにフローで外部のサービスを利用する際には、必ずコネクタが作成されます。ここでどのようなサービスと接続されているかを確認し、不要なコネクタを削除したりできます。

図1-29：「接続」には「Mail」が追加されている。

クラウドフロー活動の監視

　もう1つ、メニューリストの「監視」をクリックして現れる「クラウドフロー活動」という項目を選択してください。これはクラウドで実行されているフローの状況をチェックするもので、実行されたフローの状況が一覧表示されます。

　多数のフローを作成し利用するようになると、1つ1つのフローの履歴から状況をチェックするのはかなり大変です。この「クラウドフロー活動」を見れば、実行されたすべてのフローの状況がひと目でわかります。

図1-30：クラウドフロー活動。フローの実行状況がひと目でわかる。

「Flow」アプリについて

　作成したフローは、Power Automateでフローを選択して実行するだけしかできないわけではありません。それよりもスマートフォンを利用して行うほうが多いでしょう。

　AndroidとiOSには、「Power Automate」のアプリが提供されています。これにより、作成したフローを簡単に実行できるようになっているのです。アプリのストアから「power automate」でアプリを検索し、インストールしましょう。

図1-31：アプリストアでPower Automateのアプリを検索し、インストールする。

インストールしたアプリを起動すると、最初に「Microsoft Flow にようこそ」という画面が現れます（Microsoft Flowというのは Power Automateの旧名です）。そのまま「続行」ボタンをタップしてください。

図1-32：ようこそ画面が現れる。そのまま続行する。

画面にPower Automateの紹介のような表示が現れます。下にある「作業の開始」ボタンをタップして利用を開始します。

図1-33：「作業の開始」ボタンをタップする。

アカウントを入力する画面が現れます。Power Automateで使っ
ているアカウントのメールアドレスとパスワードを入力すると、その
アカウントでPower Automateが起動します。

なお、すでにいくつかのMicrosoftアカウントを登録し利用したこ
とがある場合は候補となるアカウントが現れ、そこから選ぶだけで入
力できるようになっています。

図1-34:アカウントを入力しサインインする。

アプリを利用する

サインインすると、「アクティビティ」という画面が現れます。これ
は実行したフローのリストを表示するものです。

アプリ画面の下部にはいくつかのアイコンが横一列に並んでいます。
これらをタップして表示を切り替えることができます。

図1-35:「アクティビティ」の画面が表示さ
れる。

　「ボタン」をタップすると、丸いボタンが表示されます。ボタンには「ボタンをクリックし……」とテキストが表示されているでしょう。これは、先ほど作成した「ボタンをクリックして、メモをメールで送信します」フローです。この丸いボタンをタップすると、このフローが実行されるようになっています。

　このボタンはフローの数が増えてくるともう少し小さくなり、多くのフローが表示されるようになります。

図1-36：「ボタン」にはフローを実行するボタンが表示される。

　実際にボタンをタップしてフローを実行してみてください。画面に、Email SubjectとEmail Bodyを入力する表示が現れます。ここで値を入力して右上の「完了」をタップすれば、これらの値を使ってメールが送信されます。

図1-37：フローを実行すると、テキストを入力する画面が現れる。値を入力し完了するとメールが送信される。

フローの管理

　下部にある「フロー」をタップすると、利用可能なフローのリストが表示されます。これはフローを管理するところです。作成されたフローを削除したり、フローをタップして詳細表示し、スマホからフローの編集を行うこともできます。

　Power Automateアプリに用意されているフローの管理と編集の機能は、Webブラウザからサイトにアクセスして行う機能と基本的には同じです。つまり、スマートフォンからPower Automateのフロー作成なども行うことができるのです。操作や編集方法もほぼ同じですので、Webに慣れた人も違和感なく利用できるでしょう。

図1-38:「フロー」では、作成したフローを管理する。

フローの作成と実行がポイント

　ざっとPower Automateの使い方を説明しましたが、いかがでしたか？　基本的に「フローの作成」と「フローの実行」さえわかれば、Power Automateは使えます。またWebだけでなく、スマホのアプリでも同様にフロー操作を行えるので、利用する環境を選びません。

　最大の問題は、「どうやってフローを作成するか」でしょう。今回はテンプレートを利用してフローを作りましたが、実際に自分の業務にあったフローを用意するためには、自分でフローを一から作成できるようにならなければいけません。そのためにはフローでどのような部品が用意されており利用できるかを理解し、その使い方をマスターしていく必要があるのです。

Chapter 2

フローの基本処理

フローではさまざまな値を使って処理を行います。
ここでは値と処理の基本として「変数」と「コントロール」の使い方について説明をします。
Power Automateで値を使った処理の作成の基本をマスターしましょう。

Chapter 2

2.1.

基本の値と変数

トリガーとアクション

　フローの作成について詳しく説明していくことにしましょう。まずは、「フローがどういうもので作られているか」から説明していきます。

　Chapter 1でテンプレートからフローを作成しましたが、これには2種類の部品が使われていました。「トリガー」と「アクション」です。この2つがフローを構成する要素になります。

トリガー	フローの最初に1つだけ必ず用意されます。「どのような形でこのフローを実行するか」を示すものです。
アクション	実際に実行する処理を示します。必要なだけいくつでも並べることができます。

　「最初にフローを実行するためのトリガーを1つだけ用意し、その下に必要なだけアクションを作成する」というのが、フローの基本的な形になるわけです。

ステップについて

　フローでは、トリガーやアクションを1つずつ順につなげていきます。この順番に実行していく処理は「ステップ」と呼ばれます。ステップは、実行する処理の単位となるものです。フローでは新しいステップを作成し、そこにアクションを設定して作っていく、というわけです。

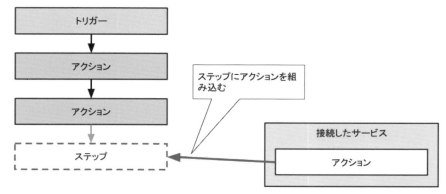

図2-1：ステップにアクションを設定してフローは作成される。

　1つのステップには1つのアクションが設定されますが、「ステップの中には常に1つのアクションしかない」というわけではありません。

　アクションの中には、内部にさらにいくつものアクションを組み込むようなものもあります。例えば分岐や繰り返しなどといった処理の流れを制御するアクションでは、いくつものアクションを内部に持ちます。このため、こうしたアクションを使う場合は、ステップの中にいくつものアクションが組み込まれることになります。

　ただし、どんなに複雑な構造になっても、フローはステップ単位で処理が進んでいきます。「あるステップの内部に用意された処理がすべて終わったら次のステップに進む」というのが基本なのです。「ステップは実行する単位となるもの」とは、そういう意味です。フローは常にステップ単位で処理が進んでいくのです。

　「ステップ」「トリガー」「アクション」。この3つの役割をまずはしっかり頭に入れてください。

フローを作成する

　では、フローを作成しましょう。Chapter 1でテンプレートを利用してフローを作りましたが、一からフローを作成してみないとフローの働きを本当に理解することはできません。

　Power AutomateのWebサイトは開いていますね？　では、左側のメニューリストから「作成」をクリックしてください。フローの作成はいくつものページから行えますが、基本はこの「作成」ページです。

　これを選ぶと上部に「空白から開始」という表示があり、その下にいくつかの四角い項目が横一列に並んでいます。これらが、テンプレートを使わず一からフローを作成する際に利用するものです。ここには以下のような項目が用意されています。

自動化したクラウドフロー	特定の条件で自動的に実行されるフローを作ります。
インスタントクラウドフロー	一般的なクラウドフローを作ります。
スケジュール済みクラウドフロー	スケジュール指定で実行するフローを作ります。
デスクトップフロー―	デスクトップ版のPower Automateのフローを作ります。
ビジネスプロセスフロー	外部から呼び出し実行できるフローを作ります（プレミアム版のみ）。

　これらのうち、「デスクトップフロー」はデスクトップ版Power Automateのアプリを起動し、以降はそのアプリ側で作業します。「ビジネスプロセスフロー」は有料のプレミアム版のみ使える機能です。それ以外のものが、皆さんがこれから作成していくフローになります。

　新しいフローを作成するのはこの「作成」ページだけでなく、「マイフロー」ページにも用意されています。どちらでも、作成されるフローは同じです。

図2-2：「作成」ページ。ここからフローを作成する。

インスタントクラウドフローを作る

では、フローを作りましょう。ここでは「インスタントクラウドフロー」を作成します。これはテンプレートで作成したフロート同様に、手動でフローを実行するものです。フローのもっとも基本となる形と考えていいでしょう。

画面の「インスタントクラウドフロー」をクリックして選択すると、「インスタントクラウドフローを構築する」というパネルが現れます。ここで作成するフローの設定を行います。

フロー名	フローの名前です。「サンプルフロー1」としておきましょう。
このフローをトリガーする方法を選択します	使用するトリガーを選択します。一番上にある「手動でフローをトリガーします」という項目を選択してください。

ここで使う「手動でフローをトリガーします」という項目はサンプルで作成したテンプレート利用のフローと同じく、手動でフローを実行するためのトリガーです。これを使うとスマートフォンのPower Automateアプリで「ボタン」にボタンが追加され、タップでフローを実行できるようになります。

これらを設定したら、下部にある「作成」ボタンをクリックしてフローを作成してください。

図2-3：作成するフローの名前と、使用するトリガーを選択する。

C　　O　　L　　U　　M　　N

「手動でフローをトリガーします」以外のトリガーは？

「インスタントクラウドフロー」の作成画面には、「手動でフローをトリガーします」以外にもトリガーが表示されています。これらはどういうものなのでしょうか？

これは、それぞれのサービスやアプリから呼び出すためのものです。Power Automateのフローは、実はPower Automate以外からも利用できます。例えばローコード開発ツールである「Power Apps」を使って、アプリ内からフローを呼び出して利用することだってあるのです。ここに表示されているトリガーは、そうした「Power Automate外から利用する」という場合に使うためのものです。

本書ではこれらを使うことはありませんが、ここに表示されているアプリやサービスからPower Automateのフローが利用できる、ということは頭に入れておくとよいでしょう。これらのアプリ・サービスを利用するときがきたら、これらのトリガーを試してみてください。

フローの編集画面について

　フローが作成されると、フローの編集画面が開かれます。最上部に「手動でフローをトリガーします」という項目が表示されていますね。これが選択したトリガーです。このトリガーの下にアクションを追加していきます。上部右側にはいくつかのリンクが用意されています。

保存	作成したフローを保存します。
フローチェッカー	フローにエラーなどがないかチェックします。チェック自体はフローを保存や実行する際に自動的に行われます。
テスト	フローをテスト実行します。

　この3つのリンクはこれから先、何度も利用することになるでしょう。それぞれの働きをよく頭に入れておきましょう。

図2-4：フローの編集画面。トリガーが1つだけ追加されている。

通知を表示する

　ごく単純な例として、メッセージを表示させてみましょう。これはスマートフォンのPower Automateアプリで動作するものです。Webサイト上で実行しても表示はされないので注意してください。

　画面の「新しいステップ」ボタンをクリックしてください。トリガーの下に新しいステップが追加され、追加する項目を選択するための表示が現れます。この画面では上から以下のようなものが用意されています。

検索フィールド	最上部にあるフィールドは、コネクタ（接続）やアクションを検索するためのフィールドです。
コネクタの表示	その下には「すべて」「組み込み」「標準」「プレミアム」「カスタム」「自分のクリップボード」といったリンクがあります。これらをクリックすると、その下に指定された種類のコネクタ（接続）のアイコンが一覧表示されます。
アクションの表示	表示されているコネクタを選択すると、そのコネクタに用意されているトリガーとアクションがその下にリスト表示されます。表示は「トリガー」「アクション」というリンクをクリックして切り替えられます。

　使い方としては、まず使用したい機能が用意されているコネクタを探して選択し、そこにあるアクションを選択してステップに設定する、という手順になります。コネクタは非常に多くの種類がありますから、どこにコネクタがあるかを知っておかないといけません。検索フィールドの下にあるコネクタの種類のリンクを利用するのがよいでしょう。

すべて	全コネクタを表示します。
組み込み	最初からPower Automateに組み込まれているコネクタです。
標準	基本的なコネクタです。もっともよく使われるものでしょう。
プレミアム	有料のプレミアム版で利用可能なコネクタです。
カスタム	自分で作成したコネクタを表示します。
自分のクリップボード	クリップボードにコピーしてあるコネクタを表示します。

もっとも多用されるのは「組み込み」と「標準」でしょう。それ以外のものは、当面使うことはありません。

図2-5：ステップの設定。コネクタとアクションが一覧表示されている。ここから利用するコネクタを探して選択する。

コネクタの一覧

ただし、それでもコネクタを探すのは大変です。リンクをクリックすると、よく利用されるコネクタが一列だけ表示されます。ここにコネクタが見つかればいいのですが、ない場合は、さらに探さないといけません。

コネクタの一覧表示部分は、その下のアクションのリストとの境界部分をクリックすることでアクションのリストを隠し、コネクタの一覧表示を拡大して表示することができます。

これにより、一度にたくさんのコネクタを表示して探せるようになります。

図2-6：コネクタとアクションの境界部分をクリックすると、すべてコネクタ表示に切り替わる。

「通知」コネクタを使う

コネクタの「標準」リンクをクリックしてください。そしてコネクタの一覧から「通知（または、Notification）」というアイコンをクリックしましょう。

この通知はモバイルやメールによる通知を送信するためのコネクタです。クリックすると、アクションが2つ表示されます。この中から「モバイル通知を受け取る（Send me a mobile notification）」という項目を選択してください。これが、Power Automateのモバイルアプリに通知を送信するためのアクションです。

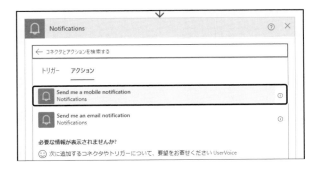

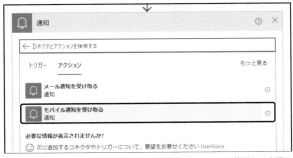

図2-7：通知の「モバイル通知を受け取る」を選択する。図は英語と日本語のそれぞれを表示。

英語表記と日本語化について

　「通知」コネクタは2021年秋の時点で、「Notification」という英語表記から「通知」という日本語表記へと移行しているところです。利用者によっては、まだ表示が「Notification」のままになっている人もいるかもしれません。

　これらは、どちらも同じものです。「通知」が見つからなかった場合は、「Notification」で探してみてください。

英語表記の日本語化

　このNotificationだけでなく、Power Automateのコネクタには英語表記のものが多数あります。これらはMicrosoftが作成する標準コネクタにもありますし、他社が作成しているコネクタにもあります。特にMicrosoft以外のベンダーが関係しているものになると、日本語対応が期待できないこともあるでしょう。

　Microsoftはこのような現状を放置しているわけではなく、少しずつですが日本語対応が進められています。「Notification」が「通知」に変わったのもその一例です。こうした変更は少しずつ不定期に行われているため、英語表記だったものがある日突然、日本語に変わることもあります。

　本書では原稿執筆時の表記をそのまま使って記述をしていますが、英語表記の部分については、皆さんが本書を読まれるときには日本語に変更されている部分もあるでしょう。こうしたものについては、そのつど、英語を日本語に置き換えながら読み進めてください。

モバイル通知を受け取るアクション

　アクションを選択するとステップの表示が変わり、選んだ「モバイル通知を受け取る」アクションが表示されます。

　このアクションは、あらかじめ用意しておいたメッセージを通知機能で表示するものです。アクションには以下のような項目が用意されています。

テキスト（Text）	表示するメッセージを入力します。
リンク（Link）	リンクのURLを記入します。
リンクラベル（Link label）	リンクに表示するテキストを指定します。

　このアクションはメッセージの表示だけでなく、リンクを1つ表示させることができます。それがLinkとLink labelの値です。これらは必要なければ空のままでOKです。

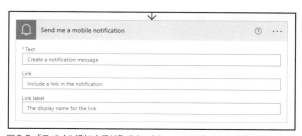

図2-8：「モバイル通知を受け取る」アクションには3つの入力項目がある。

メッセージを入力する

　では、アクションの「テキスト（Text）」に、表示したいメッセージを記入しましょう。どんなものでもかまいません。適当にテキストを記入してください。

　記入したら、下または右上にある「保存」をクリックしてフローを保存しておきましょう。

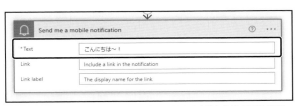

図2-9：テキストにメッセージを記入する。図は日本語と英語の表記の違い。

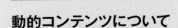

動的コンテンツについて

「テキスト」フィールドをクリックしてテキストを記入しようとすると、下にずらっと見たことのない項目が現れて驚いたかもしれません。これらは「動的コンテンツ」と呼ばれるものです。

動的コンテンツは Power Automate に用意されていて、その時点で利用可能な「値」のことです。システムに用意されている値や、他のアクションで作成された値など、さまざまな利用可能な値がここに表示されます。ここから項目を選ぶことで、その値を利用することができます（動的コンテンツの利用については改めて触れる予定です）。

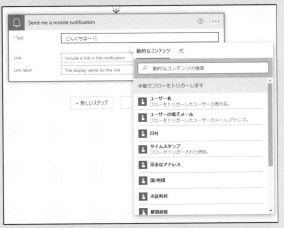

図2-10：値を入力するときには動的コンテンツの一覧が表示される。

テスト実行する

　作成したフローが実際に問題なく動くか試してみましょう。これには画面右上にある「テスト」を使います。「テスト」をクリックすると、画面の右側に「フローのテスト」と表示されたサイドパネルが現れ、「手動」「自動」といったラジオボタンが表示されます。ここでは手動でフローを実行するので「手動」を選び、下部の「テスト」ボタンをクリックしてください。

図2-11：テストを実行する。まず、「手動」ラジオボタンを選んで「テスト」ボタンをクリックする。

　サインインの内容が表示されます。このフローでサインインするアプリが一覧表示されます（ここでは「通知」）。このアプリにアクセスしても問題ないことを確認し、「続行」ボタンをクリックします。

図2-12：サインインするアプリを確認し、続行する。

　実行するフローの内容が表示されます。そのまま「フローの実行」ボタンをクリックすると、フローが実行されます。

図2-13：「フローの実行」ボタンをクリックして実行する。

　実行が完了すると、緑色のチェックマークが表示されます。これは問題なく実行が完了したことを示します。そのまま「完了」ボタンをクリックして終了しましょう。

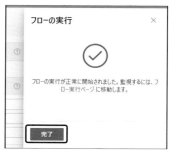

図2-14：実行すると、このような表示が現れる。

実行しても、何も起こりません。ただし、すでに皆さんはスマートフォンに「Power Automate」アプリをインストールしていますね。したがって、パソコンでは何も起こりませんでしたが、スマートフォンには通知が送られているはずです。通知を確認してみましょう。送信したメッセージの通知が届いているはずですよ。

図2-15：スマートフォンに通知が届いていた。

スマートフォンで実行する

テスト実行できたら、スマートフォンのアプリから実行してみましょう。「Power Automate」アプリを起動し、下のアイコンバーから「フロー」をタップしてください。作成した「サンプルフロー 1」というフローが追加されているのがわかります。

図2-16：「フロー」を見ると、作成したフローが追加されている。

アイコンバーの「ボタン」をタップして表示を切り替えましょう。すると、作成した「サンプルフロー1」のボタンが追加されているのがわかります。これをタップすれば、フローが実行されます。

図2-17：「ボタン」にフローのボタンが追加されている。

実際にタップしてフローを実行してみてください。通知の「モバイル通知を受け取る」アクションに設定したメッセージが、スマートフォンの通知として表示されます。

図2-18：通知が表示された！

メールを送信する

アクションの作り方がわかったところで、もう1つのアクションを使ってみましょう。画面の右上に見える「編集」をクリックして編集画面に戻ってください。もし、別の画面に移動してしまっていたら、「マイフロー」から「サンプルフロー1」フローの項目にある編集アイコン（鉛筆のアイコン）をクリックすると編集画面に戻ります。

　ここではメールで通知を送信してみます。メールの送信はいくつかの方法があります。通知にも「メール通知を受け取る（Send me a mail notification）」というアクションが用意されていますし、その他にもメール送信のアクションを持つアプリのコネクタがいくつも用意されています。

　では、「新しいステップ」ボタンをクリックしてステップを作成しましょう。

図2-19：編集画面で「新しいステップ」をクリックする。

「メール通知を送信する」を追加

　ステップにアクションを設定します。ここでは「Mail」というアプリを使ってみることにしましょう。「標準」をクリックすると、表示されるコネクタの中に「Mail」が見つかります。これを選択してください。そして「メール通知を送信する(V3)」というアクションを選択しましょう。このアクションは、指定の宛先にメールを送信するものです。

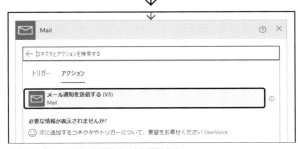

図2-20：「メール通知を送信する」を選択する。

　アクションがステップに追加されると、アクションの設定内容が現れます。「宛先」「件名」「本文」というフィールドが用意されてるのがわかります。

図2-21：アクションの項目に値を記入する。

それぞれ、以下のように値を記入していきます。

宛先	メールの送信先アドレスを記入します。自分が普段使っているメールアドレスを記入しておきましょう。
件名	適当にテキストを記入して設定しておきます。どんなものでもかまいません。
本文	入力フィールドをクリックすると、値を選択するリストが現れます。ここにある項目とテキストを組み合わせ、以下のように記入しましょう。 　［ユーザー名］　さんにPower Automateから通知を送信します。（　［日付］　） [ユーザー名]と[日付]は、テキストではなくて「動的コンテンツ」の値です。入力フィールドをクリックして現れるリストから「ユーザー名」「日付」といった項目をクリックすると、それらがフィールドに挿入されます。もし項目が見つからなかったら、リストの上部にある検索フィールドにテキストを記入して検索してください。これで指定の名前の項目が検索されます。

動的コンテンツと静的コンテンツ

　動的コンテンツとは、現在利用可能な「動的な値」のことです。動的とは「最初から値が決まっているものではなく、実行時に値が設定されるもの」のことです。最初から値が決まっているものは「静的」と言います。

　例えば、Subjectのところにはテキストを直接記入してタイトルを指定していましたね。記入した段階で入力したテキストに値が決まっています。こうした「事前に決まっている値」は静的な値です。

　これに対し「ユーザー名」や「日付」はフィールドに入力した時点では、まだ値がなんだか決まっていません。ユーザー名はサインインしたユーザーの名前が変更されたなら値が変わりますし、日付は現時点での日時の値なのでこれも実行したときに決まります。こうした「実行する際に決まる値」が動的コンテンツです。

フローを実行しよう

　フローを保存し、「テスト」で実行してみましょう。スマートフォン側に通知が表示された後、アカウントのメールアドレスにメールが送られてきます。

図2-22：メールが送られてくる。

クリップボードを使おう

　アクションを追加して処理を作成するやり方はだいぶわかってきましたね。ただ、たくさんあるコネクタの中から使いたいアクションを探すのはけっこう大変です。

　Power Automateには、よく使うアクションをクリップボードに保管しておくことができます。これを使ってみましょう。

　右上の「編集」をクリックしてフローの編集画面に戻ってください。そして、「モバイル通知を受け取る」のステップの右端に見える「…」をクリックしましょう。メニューがポップアップして現れるので、その中から「クリップボードにコピー」を選んでください。これで、このアクションがクリップボードに追加されます。

図2-23：「…」をクリックし、「クリップボードにコピー」メニューを選ぶ。

　「新しいステップ」ボタンをクリックしてステップを追加したら、「自分のクリップボード」というリンクをクリックしてください。コピーした「モバイル通知を受け取る」のアクションが表示されます。ここからアクションを選択すれば、いちいち通知のアクションを探す必要もなくなります。

　このクリップボードは1つだけでなく、いくつでも保管することができます。ただし、クリップボードですから、一度サインアウトなどして戻ったときには消えています。あくまで「一時的に置いておくところだ」ということを理解してください。

　クリップボードはよく使うアクションを置いておくのにとても便利な機能ですので、使い方をよく覚えておきましょう。

図2-24：「自分のクリップボード」にコピーしたアクションが表示される。

Chapter
2

2.2.
値と変数の操作

トリガーと入力

　フローを実行する場合、必要な情報をユーザーから入力してもらいたいことがあります。例えば最初にテンプレートから作ったフローでは、実行するとテキストを入力するようになっていましたね。こうした「実行時の入力」はトリガーで設定することができます。

　実際に試してみましょう。まず、先ほど追加したMailの「メール通知を送信する」を削除しましょう。ステップの「…」をクリックし、「削除」メニューを選んでください。画面に「ステップの削除」という確認アラートが表示されるので、「OK」ボタンをクリックして削除しておきます。

図2-25：使わないステップを削除する。

トリガーに入力を追加する

　続いて、一番上にあるトリガーのステップ（「手動でフローをトリガーします」という項目）をクリックしてください。内容が展開表示されるので、そこにある「入力の追加」をクリックします。

図2-26：トリガーの「入力の追加」をクリックする。

トリガー内に「ユーザー入力の種類の選択」という表示が現れ、そこにさまざまな種類が表示されます。この中から「数」をクリックして選択します。

図2-27：入力の種類から「数」を選ぶ。

入力項目が追加されます。タイトルと初期値を入力するフィールドがあるので、これらにそれぞれ「数の入力」「0」と値を記入しましょう。

図2-28：入力項目のラベルと初期値を記入する。

「モバイル通知を受け取る」を修正

この値を使うように修正をしましょう。「モバイル通知を受け取る」のステップをクリックし、内容を展開します。そして「テキスト」の値を以下のように修正しましょう。

入力値は「[数を入力]」です。

[数を入力]は動的コンテンツを示します。動的コンテンツのパネルから「数を入力」という項目を探して選択すれば入力されます。

「数を入力」という項目は、先ほどトリガーに追加した入力項目です。実行時に入力された値が、このように動的コンテンツとして利用できるようになっているのですね。

図2-29：テキストの値を修正する。

実行して動作を確認する

　修正できたら保存をして、モバイルのアプリからフローを実行してみましょう。「ボタン」に表示を切り替え、「サンプルフロー1」を実行してください。すると、数字を入力する画面が現れます。ここで適当に数字を記入して実行すると、その値が通知で表示されます。

　このように、トリガーに入力を用意することで、ユーザーから必要な値を入力してもらうことが簡単にできるようになります。

図2-30：数字を入力すると、それが通知で表示される。

変数について

　トリガーに用意された入力のように、値を動的コンテンツとして用意しておきたいことはよくあります。このようなとき、「変数」を使って必要な値を用意することができます。変数の操作は組み込みアプリの「変数」を使って行えます。実際に変数を使ってみましょう。

　フローの編集画面に戻り、トリガーと「モバイル通知を受け取る」の間に見える「＋」マークをクリックしてください。メニューがポップアップして現れるので、そこにある「アクションの追加」という項目を選択しましょう。ステップの間に新たなステップを挿入するものです。

図2-31：「＋」をクリックし、「アクションの追加」を選ぶ。

「変数」コネクタを使う

　ステップの設定画面で、「変数」というコネクタを探してください。これは「組み込み」の中に用意されています。1列目に表示されない場合は、表示を拡大すれば2列目に見つかります。この「変数」コネクタは、文字通り変数の操作を行うためのアクションを提供します。

図2-32：「変数」コネクタを選択する。

　「変数」を選択すると、その下にアクションのリストが表示されます。ここには変数の内容を操作するアクションがいろいろと用意されています。

　今回は「変数を初期化する」というアクションを使いましょう。変数を新たに定義し、値を設定するためのものです。これにより、新しい変数を作成して動的コンテンツとして利用できるようにします。

図2-33：「変数」から「変数を初期化する」アクションを選ぶ。

「変数を初期化する」アクションを使う

　アクションがステップに設定され、その設定内容が表示されます。このアクションでは以下のような項目が用意されています。

名前	変数の名前です。
種類	変数に保管する値の種類を指定します。
値	初期値として設定する値を入力します。

図2-34：「変数を初期化する」アクションには3つの設定項目がある。

　これらに値を設定していきましょう。ここでは以下のように設定を行ってください。

名前	数の変数1
種類	整数
値	[数を入力]

図2-35：「変数を初期化する」を設定する。

　種類はポップアップメニューから項目を選んで設定してください。値では、動的コンテンツのパネルから「数の入力」を選択し入力します。

変数の値を増減する

作成した変数の値を操作しましょう。「変数を初期化する」ステップの下の「＋」をクリックし、「アクションの追加」を選んでステップを作成してください。そして「変数」コネクタを選択し、そこにある「変数の値を増やす」アクションを選択します。）

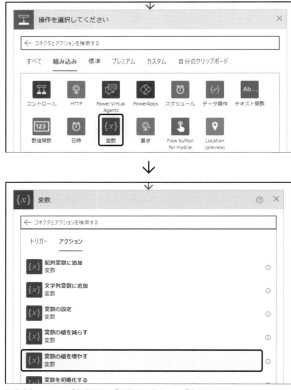

図2-36：ステップを追加し、「変数」コネクタの「変数の値を増やす」を選ぶ。

「変数の値を増やす」の設定

アクションを選択すると、その設定項目が表示されます。ここでは「名前」と「値」という2つの項目が用意されています。名前では操作する変数を選択し、値には追加する値を指定します。

「名前」から「数の変数1」を選択し、「値」には動的コンテンツから「数の入力」を入力しましょう。これで、「数の変数1」に「数の入力」の値を増やす（つまり2倍にする）ことができます。

図2-37：「数の値を増やす」アクションの設定をする。

「モバイル通知を受け取る」の修正

では、最後にある「モバイル通知を受け取る」アクションの内容を修正しましょう。項目をクリックして設定を展開表示し、「テキスト」の値を以下のように修正します。

> ［数を入力］ の 2 倍は、「［ 数の変数 1］」です。

［数を入力］と［数の変数1］には、それぞれ動的コンテンツから同名の項目を探して入力します。これで数字を入力し、その2倍を計算して表示する、という処理ができました。

図2-38：テキストに表示内容を作成する。

フローを実行する

フローを保存したら、モバイルアプリからフローを実行しましょう。まず数字を入力するので、適当な値を記入し完了します。すると、入力した値の2倍を計算して通知として表示をします。

図2-39：フローを実行する。数字を入力すると、その2倍が表示される。

式の利用

これで変数の値を操作するやり方はわかりました。ただし、今回「変数の値を増やす」アクションで行ったのは、変数に入力した値をまた足して2倍にする、というものです。用意された値を足すだけで、例えば掛け算や割り算などはできません。

もっと柔軟に計算などの処理をしたいという場合は「式」を利用することができます。式はPower Automateに用意されている関数を使って計算処理の内容を記述したものです。本格的に使うのはちょっと難しいのですが、「こういうやり方もできる」ということで紹介しておくことにしましょう。

では編集画面に戻り、「変数の値を増やす」アクションをクリックして展開表示してください。そして「値」フィールドをクリックし、記述されていた「数を入力」を削除します（「×」をクリックします）。

フィールドをクリックすると、動的コンテンツを入力するパネルが表示されます。このパネルの上部に「式」というリンクがあるので、これをクリックしましょう。

これは、式を入力するための表示です。ここで下の「fx」と表示されているフィールドに式を記入して「OK」ボタンをクリックすれば、式の結果が値として使われるようになるのです。

図2-40：「式」をクリックすると、式を入力できるようになる。

式を記入する

ここに式を記入しましょう。フィールドに以下の文を記述してください。すべて半角英数字を使って記述します。記入する式の内容などは、今は深く考えないでください（後ほど説明します）。

▼リスト2-1

```
int(mul(triggerBody()['number'],0.1))
```

図2-41：式を直接記入する。

記入して「OK」ボタンをクリックすると、値フィールドに式を表す表示が挿入されます。これで、入力した式の結果が値として変数に設定されるようになります。

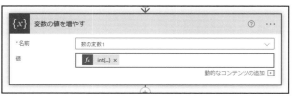

図2-42：式が値として設定された。

通知内容を修正する

では、「モバイル通知を受け取る」の表示内容を修正しましょう。アクションをクリックして展開し、テキストの値を次のように修正します。

> ［数を入力］円の税込金額は、「［数の変数1］円」です。

例によって、［数を入力］と［数の変数1］は
動的コンテンツから項目を選んで入力してください。

図2-43：テキスト0の表示内容を修正する。

フローを実行しよう

修正を保存し、モバイルアプリからフローを実行して動作を確認しましょう。最初に金額となる値を入力すると、その税込金額（10％を加算した値）を計算して表示します。

 →

図2-44：金額を入力すると、税込金額が表示される。

Power Automateの関数について

ここで作成した式がどのようなものか、簡単に説明をしておきましょう。今回、式に入力したのは以下のような文でした。

```
int(mul(triggerBody()['number'],0.1))
```

これは、実は3つのものが1つに組み合わせられています。それは以下のようなものです。

```
int( 数値 )
mul( 数値1, 数値2 )
triggerBody()[ 名前 ]
```

ここではintの中にmulがあり、このmulの中にさらにtriggerBodyというものが組み込まれた形になっていたのです。これらの働きがわかれば、何をやっているのか理解できるようになるでしょう。

では、かんたんに説明しましょう。

●int(数値)

これは整数化関数というものです。intの後にある()の部分（「引数」と呼びます）に実数の値を用意すると、その小数部分を切り捨て、整数にしたものを値として取り出します。

●mul(数値1, 数値2)

乗算関数というもので、掛け算を行うものです。()の部分である引数というところに2つの値をカンマで区切って記述すると、その2つを掛け算した結果を計算します。

●triggerBody()[名前]

triggerBody()というのは、トリガーの本体を表す関数です。その後にある[名前]は、トリガーの入力項目を示すものです。ここで、入力された値を取り出しています。

わかりにくいのは、「トリガーの入力に設定した値と、内部で扱われている値は同じ名前ではない」という点です。今回、トリガーには「数の入力」という入力項目を用意しました。これは、内部では「number」という名前で値が保管されています。数値の入力項目はすべて「number」という名前になり、2つ3つと項目が増えた場合にはnumber_1, number_2というように番号を付けた名前が割り振られるようになっています。

作成した式の働き

これら3つの関数が組み合わせられて処理が作成されているのですね。まずtriggerBodyで入力された値を取り出し、それを引数にしてmulで掛け算を実行し、それを引数に指定して整数の値を取り出す、ということを行っていたのです。

関数というのは、このように「引数の値部分にさらに関数を用意する」というように、入れ子状態で記述していくことができます。これにより、かなり複雑な処理も作成することができるのです。

変数を使った演算

式を活用するためには、式で使える関数を知らなければいけません。非常に多くのものが用意されていますが、これらを最初からすべて覚えるのはかなり大変でしょう。

ここでは基本の加減乗除と、変数を利用するための関数だけ紹介しておくことにします。

add(数値1, 数値2)	数値1に数値2を足します。
sub(数値1, 数値2)	数値1から数値2を引きます。
mul(数値1, 数値2)	数値1に数値2をかけます。
div(数値1, 数値2)	数値1を数値2で割ります。
mod(数値1, 数値2)	数値1を数値2で割った余りを得ます。
variable(名前)	指定した名前の変数の値を取り出します。

Power Automateの式では、＋－＊/といった四則演算記号は使えません。簡単な四則演算も、すべて関数を使って書かないといけないのです。

四則演算の関数では()の中に数値を記述します。数値は、基本的にただ数字を記述するだけです。またvariableの()にある名前は、テキストの値として引数に記述をします。'名前'というように、テキストの前後にシングルクォート(')記号を付けて記述をします。

これらの関数を知っていれば、変数を使った四則演算が行えるようになります。これだけでもずいぶんと計算の幅が広がるでしょう。

変数を使った計算を作る

変数を使った計算を使ってみましょう。先ほどの式を、2つの変数に分けて作り直してみることにします。

まず、変数を1つ追加しましょう。「変数を初期化する」の下にある「＋」をクリックし、「アクションの追加」メニューを選んでステップを用意してください。そして「変数」コネクタから「変数を初期化する」アクションを選びます。

作成されたアクションに設定をします。ここでは以下のように設定項目を入力してください。

名前	実数の変数1
種類	float
値	[数を入力]

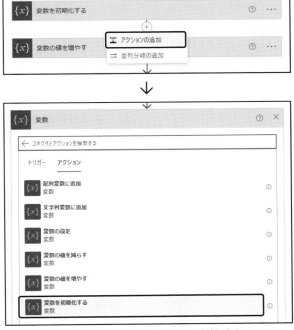

図2-45:「変数」の「変数を初期化する」アクションを追加する。

数は、動的コンテンツのパネルから「数を入力」を選んで設定します。これで[数の変数1]と[実数の変数1]の2つの変数が用意できました。

どちらも[数を入力]の値を設定しており、同じもののように見えますが、違いはあります。それは「種類」です。[数の変数1]は整数の変数であり、新たに作った[実数の変数1]は実数を扱える変数です。実数というのは小数を含む数値全般のことです。

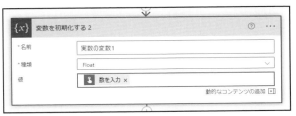

図2-46:新たに実数の変数を追加する。

「変数の値を増やす」の修正

　計算を行っていた「変数の値を増やす」アクションの内容を修正しましょう。アクションをクリックして表示を展開し、「名前」項目をクリックして値を「実数の変数1」に変更します。

　「値」フィールドは先に設定していた式を削除し（式の右端の「×」をクリックすると削除できます）、新たに式を設定することにしましょう。「値」フィールドをクリックし、動的コンテンツのパネルから「式」を選択して以下のように入力をしてください。

▼リスト2-2

```
mul(variable(' 数の変数1'),0.1)
```

　ここでは掛け算をするmul関数を使っています。その引数にはvariable('数の変数1')というものが設定されています。これは変数の値を取り出すためのものでしたね。「数の変数1」の値をここで使うようにしていたのです。

　これで、「数の変数1」に0.1を掛け算したものを「実数の変数1」に足す、という操作ができました。

図2-47：「数の変数1」に0.1をかけたものを「実数の変数1」に足す。

「変数を設定する」アクションの追加

　続いて、「変数の値を増やす」の下の「＋」をクリックして「アクションの追加」メニューを選び、ステップを用意します。そして「変数」コネクタから「変数の設定」というアクションを選択します。これは、すでにある変数の値を再設定するものです。

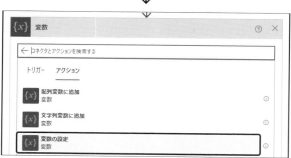

図2-48：「変数の設定」アクションを追加する。

作成されたアクションに設定を行います。「名前」項目では「数の変数1」を選択します。「値」フィールドでは動的コンテンツのパネルの「式」を選択し、以下の式を入力します。

▼リスト2-3

```
int(variables('実数の変数1'))
```

これで、「実数の変数1」を整数にしたものが「数の変数1」に設定されるようになります。

図2-49:「変数の設定」の設定を行う。

修正できたら動作を確認しましょう。今回は1つのトリガーに5つのアクションをつなげました。作成したアクションが正しく並んでいるか、よく確認して実行してください。

行っているのは、先ほどの税込金額を計算する処理とまったく同じです。ただし今回は、まず実数の変数1に税込金額を計算して設定し、それを整数化して数の変数1に設定をしています。

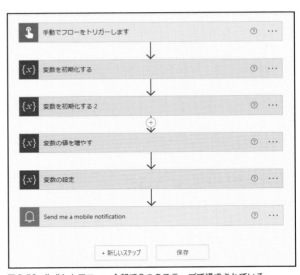

図2-50:作成したフロー。全部で6つのステップで構成されている。

こんな具合にPower Automateではいくつもの変数を用意し、変数を組み合わせて計算などを行っていくことができるのです。Power Automateはサービスの自動化を行うものですから、あまり「値の計算処理」などを多用することはないでしょう。けれど、こうした計算処理を行うための機能がちゃんと用意されている、ということは重要です。ここでは変数と四則演算程度しか紹介できませんでしたが、こうした計算処理の仕方（式の作り方）は、ここできちんと理解しておくようにしましょう。

<table>
<tr><td>Chapter
2</td><td>2.3.
....
処理の制御</td></tr>
</table>

IFによる条件分岐

フローは、ただ用意されたものを順に実行して終わり、というだけのものではありません。これだけではあまり複雑な処理が作れないでしょう。処理を行う際の状況に応じて実行する処理を変更したり、何度も処理を繰り返し実行したりできるようになれば、より複雑なことが行えるようになります。

こうした「処理の流れを制御する」ための機能も、Power Automateにはちゃんと用意されています。ここでは、この「処理の制御」を中心に説明しましょう。

処理の制御は「コントロール」というコネクタにまとめられています。これは組み込みのコネクタです。処理の制御を行うときは、常にこの「コントロール」コネクタを選択してアクションを用意していきます。

図2-51：「コントロール」コネクタに制御のアクションが用意されている。

「条件」アクションについて

まず最初は「条件」というアクションについてです。状況をチェックし、それに応じて異なる処理を実行するためのものです。

簡単なサンプルを作りながら、「条件」アクションを使っていきましょう。今回も「サンプルフロー1」を再利用することにします。編集画面に戻り、不要なアクションを削除しましょう。残しておくのは、以下の3つです。

• トリガー（手動でフローをトリガーします）
• 変数を初期化する
• モバイル通知を受け取る

これ以外のものは、「…」をクリックして現れる「削除」メニューを選んで削除してください。

「変数を初期化する」では、「数の変数1」に
トリガーで入力した「数を入力」を設定して
いましたね。これをそのまま利用することに
します。

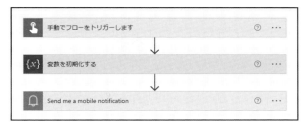

図2-52：不要なアクションを削除したところ。

「条件」アクションの追加

「変数を初期化する」の下にある「＋」をク
リックし、「アクションの追加」メニューを選
んでステップを用意してください。そして、
「コントロール」コネクタから「条件」アクション
を選びましょう。これが、条件に応じた処
理を分けるアクションです。

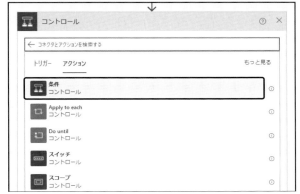

図2-53：「コントロール」の「条件」アクションを選ぶ。

アクションが追加されると、「条件」のアクションの下に「はい」「いいえ」という2つのステップが用意さ
れます。この2つは、条件の内容に応じて実行する処理です。条件が正しければ「はい」の処理を、正しく
なければ「いいえ」の処理を実行します。

「はい」「いいえ」には、その内部にアクションが追加できるようになっています。

図2-54：「条件」には「はい」「いいえ」という2つのステップが用意される。

「条件」アクションを見てみましょう。ここには2つの「値の選択」があり、その間に「次の値に等しい」と
表示された項目が見えます。条件とはこのように2つの値を比較して、どちらが大きいか小さいか、両者が
等しいか等しくないか、といったことをチェックします。その結果によって処理が決まる、というわけです。

「条件」を設定する

作成した「条件」に設定をしていきましょう。今回は入力した値が偶数か奇数かを調べるフローを作ってみます。偶数か奇数か、どうやって調べればいいでしょうか？

偶数は2で割り切れる数です。そして奇数は2で割ると1あまる数です。つまり、入力された数値を2で割ってみてあまりがゼロなら偶数、そうでなければ奇数、と判断できます。

「値の選択」に式を作成

「条件」アクションに設定をしましょう。まず、左側の「値の選択」フィールドをクリックしてください。現れたパネルから「式」を選択し、式を入力します。

▼リスト2-4

```
int(mod(variables('数の変数1'),2))
```

ここでは「mod」という関数を使っています。先に四則演算の関数のところで出てきましたね。1つ目の引数の値を2つ目の引数で割って、そのあまりを計算するものでした。つまり、mod([数の変数1], 2)とすれば、変数を2で割ったあまりが計算できるわけです。

「数の変数1」は、variables関数を使って値を取り出します。結果はint関数を使って整数にしておきます（modの結果は実数として得られます）。

図2-55：「値の選択」に式を入力する。

続いて、隣の項目を「次の値に等しい」に、右側の「値の選択」に「0」を記入しましょう。これで、式の結果がゼロかどうかをチェックするようになります。ゼロならば「はい」のステップに進み、そうでなければ「いいえ」のステップに進むわけです。

図2-56：条件を完成させる。

「はい」ステップの作成

では、条件のチェック後に実行する処理を作りましょう。まずは「はい」ステップからです。

ここでは下にある「モバイル通知を受け取る」アクションを利用することにしましょう。アクションをマウスでドラッグし、「はい」ステップ内にドロップしてください。アクションが「はい」の中に移動します。

図2-57：「モバイル通知を受け取る」アクションを「はい」の中にドラッグ＆ドロップで移動する。

　移動したアクションをクリックして展開し、「テキスト」の値を以下のように修正しておきます。これで、入力した値が偶数だと通知が送られるようになります。

> ［ 数を入力 ］ は、偶数です。

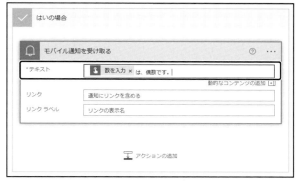

図2-58：テキストの表示内容を修正する。

「いいえ」ステップの作成

　続いて「いいえ」ステップです。こちらにも通知のアクションを追加しましょう。「いいえ」ステップ内にある「アクションの追加」をクリックし、「通知」コネクタの「モバイル通知を受け取る」アクションを選択して追加します。

図2-59：「いいえ」ステップに「モバイル通知を受け取る」アクションを追加する。

　アクションが作成されたら、テキストの値を以下のように修正します。これは、奇数だった場合の通知になります。

> ［ 数を入力 ］ は、奇数です。

図2-60：「いいえ」の通知内容を作成する。

完成したら動作をチェック

これで、「条件」を使ったフローは完成しました。「条件」「はい」「いいえ」の内容をよく確認しておきましょう。

図2-61：完成した条件のフロー。

問題ないようなら、モバイルアプリからフローを実行してみましょう。適当な整数値を入力すると、それが偶数か奇数かを調べて表示します。いろいろと数字を入力して正しく動作するか確認しましょう。

図2-62：整数を入力すると、偶数か奇数か判定する。

「スイッチ」による分岐

「条件」による処理の分岐は「はい」か「いいえ」かという二者択一のものでした。しかし、もっと多くの分岐が必要となることもあります。例えば、「相手が出したジャンケンの手に応じた処理」なんてものを作ろうとしたら？　3つの分岐が必要となりますね。

このような場合に用いられるのが、値をチェックし、それがいくつかによって処理を実行する「スイッチ」というアクションです。例えばチェックする値が1ならこれを実行し、2ならあちらを実行し……といった具合に、「○○ならこれを実行」という分岐をいくらでも作ることができます。

実際にサンプルを作りながら働きを説明しましょう。まずは、先ほど作成した「条件」アクションを削除しましょう。「条件」の「…」をクリックして「削除」メニューを選び、アクションを削除してください。

図2-63：「条件」を削除する。

「スイッチ」を作成する

　続いて「スイッチ」を作成します。「新しいステップ」をクリックして「コントロール」コネクタを選択し、表示されるアクションのリストから「スイッチ」を選択してください。

図2-64：コントロールから「スイッチ」を選択する。

　作成された「スイッチ」は、「スイッチ」アクションの下に「ケース」「既定」といったステップが用意されています。

　「ケース」は「スイッチ」に用意される値がいくつかを指定し、その値だったときに実行する処理を用意するためのものです。その右側に見える「＋」をクリックすることで、「ケース」はいくつでも作成することができます。

　「既定」は、すべての「ケース」に値が合致しなかった場合の処理を用意するためのステップです。不要ならば何も用意しなくとも問題ありません。

図2-65：作成された「スイッチ」アクション。

「スイッチ」のチェックする値

　「スイッチ」アクションにある「オン」というフィールドに、チェックする値を用意しましょう。このフィールドをクリックし、動的コンテンツのパネルが現れたら「式」に表示を切り替えてください。そして以下のように記述をしましょう。

▼リスト2-5
```
int(mod(variables('数の変数1'),3))
```

　だいぶ式にも慣れてきたことでしょう。これは「数の変数1」の値を3で割ったあまりを整数として取り出す式です。入力された値を3で割り、あまりがゼロか1か2かによって異なる表示をしよう、というわけです。

図2-66：スイッチに式を設定する。

「ケース」を作成する

　「スイッチ」で使うケースを作成しましょう。ケースは最初に1つだけ用意されています。「次の値と等しい」というフィールドに「0」と入力ください。これで「スイッチ」の「オン」の結果がゼロだった場合に、このケースが実行されるようになります。

　ケース内にある「アクションの追加」をクリックし、「通知」コネクタの「モバイル通知を受け取る」アクションを追加します。「テキスト」フィールドに「あなたは、グーです。」と表示するメッセージを設定しておきます。

図2-67：「ケース」に値とアクションを設定する。

　続いて2つ目のケースを用意します。ケースの右側に見える「＋」をクリックすると、「ケース2」という新たなケースが作成されます。このフィールドに「1」と記入しましょう。これで、「スイッチ」の値が1だった場合に実行するケースが用意されます。

図2-68：2つ目のケースを作成する。

「アクションの追加」をクリックし、「通知」コネクタの「モバイル通知を受け取る」アクションを追加します。「テキスト」フィールドには「あなたは、チョキです。」と記入しておきましょう。

図2-69：2つ目のケースにアクションを用意する。

3つ目のケースを作ります。もう作り方はわかりましたね？　2つ目のケースの右側にある「＋」をクリックして「ケース2」という3つ目のケースを作り、値を「2」とします。そして「通知」コネクタの「モバイル通知を受け取る」アクションを追加し、テキストに「あなたは、パーです。」と記入します。

これで、スイッチの値が0, 1, 2のそれぞれの場合のケースが用意できました。

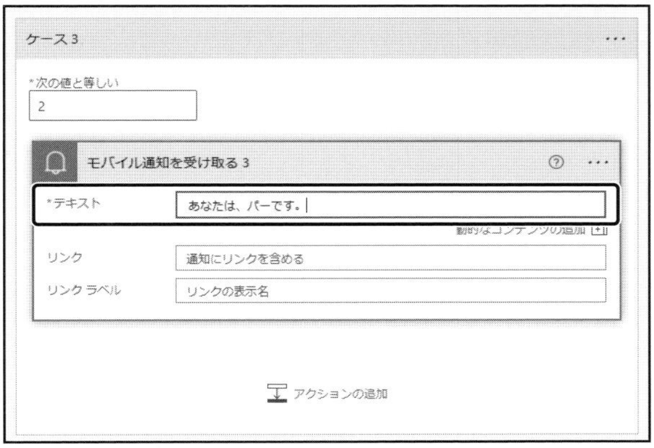

図2-70：3つ目のケースを作成する。

ここまでできたら「スイッチ」の内容を確認しましょう。「スイッチ」本体の「オン」に用意された式、3つの「ケース」それぞれの値と実行するアクション。これらが正しく用意できているかチェックしてください。

なお、今回は「既定」ステップは使いません。スイッチのチェックする値が数値を3で割ったあまりなので、0, 1, 2以外の値になることはないため、用意する必要はありません。

すべて完成したら、フローを保存しておきましょう。

図2-71：スイッチと3つのケースができた。「既定」は今回、使わない。

フローの動作を確認する

モバイルアプリからフローを実行して動作を確認しましょう。最初に適当な整数を入力すると、それを3で割ったあまりによりグー、チョキ、パーのいずれかが表示されます。ごく単純ですが、「数を使った3つの分岐」ができていることがわかるでしょう。入力する数字をいろいろと変えて表示を確かめてみましょう。

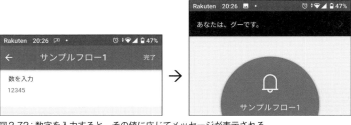

図2-72：数字を入力すると、その値に応じてメッセージが表示される。

「Do until」による繰り返し

フローでは、決まった処理を何度も繰り返し実行させることもできます。これには2つの方法があるのですが、ここでは「Do until」というアクションについて説明しておきましょう（もう1つの繰り返しは、次のChapterで「配列」というものを利用する際に併せて説明します）。

「Do until」は条件をチェックし、それに応じて処理を繰り返し実行するものです。「条件」アクションと同様に、変数などの値を比較する設定（指定した値と等しいか、あるいは大きいか小さいかなど）を用意し、その結果に応じて処理を繰り返します。

これもサンプルを作りながら説明します。まず編集画面に戻り、先ほど作った「スイッチ」アクションを削除しておきましょう。

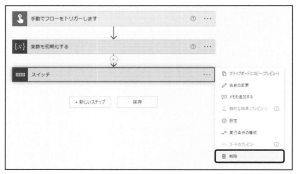

図2-73：「削除」メニューでスイッチを削除する。

「Do until」アクションを作る

では、アクションを作成します。「新しいステップ」をクリックしてステップを用意し、「コントロール」コネクタにある「Do until」アクションを選択します。

図2-74：コントロールから「Do until」アクションを選ぶ。

作成される「Do until」アクションには2つの「値の選択」と、値の比較を選択する項目が用意されています。「条件」アクションにあったものと同じですね。これらを使い、2つの値を比較する設定を作成します。「Do until」は、この比較の設定が成立したら繰り返しを終了し次に進みます。成立していない間は、ひたすら用意された処理を繰り返し実行し続けます。

図2-75：「Do until」アクション。繰り返し条件の項目が用意されている。

数の合計を計算する

繰り返し処理を作ってみましょう。ここでは入力した数字の合計を計算する処理を作ります。まず、数字を足していくための変数を用意しましょう。

「Do until」の上にある「＋」をクリックし、「アクションの追加」メニューを選んでください。そして「変数」コネクタから「変数を初期化する」アクションを選択します。

図2-76：「アクションの追加」を選び、「変数を初期化する」アクションを追加する。

作成されたアクションに変数を用意します。ここでは以下のように項目を設定しておきます。これで「合計」変数が用意されます。

名前	合計
種類	整数
値	0

図2-77：「合計」変数を初期化する。

「Do until」の設定を行う

「Do until」アクションの設定を行いましょう。用意されている3つの項目をそれぞれ以下のように設定してください。

値の選択（左側）	[数の変数1]（動的コンテンツ）
比較の選択（中央）	次の値に等しい
値の選択（右側）	0

これで、「数の変数1」の値がゼロになったら繰り返しを抜けるようになります。「数の変数1」には、トリガーで「数を入力」に入力された値が設定されていましたね。この値を少しずつ変化させていき、ゼロになるまで繰り返しを実行するわけです。

図2-78：「Do until」の繰り返し設定を行う。

繰り返すアクションを用意

この「Do until」の中に、繰り返し実行するアクションを用意しましょう。ここでは2つのアクションを用意します。

・「合計」に「数の変数1」を足す。
・「数の変数1」を1減らす。

これを繰り返していき、「数の変数1」がゼロになったら繰り返しを抜ければ、「合計」に1から「数を入力」（「数の変数1」の初期値）までの合計が設定されます。

では、「Do until」の下部にある「アクションの追加」をクリックしてアクションを追加しましょう。ここでは「変数」コネクタから「変数の値を増やす」アクションを選んで追加します。名前と値は以下のようにしておきます。

名前	合計
値	[数の変数1]（動的コンテンツ）

これで「合計」に「数の変数1」の値が加算されるようになります。

続いて、もう1つアクションを追加します。今度は「変数」コネクタの「変数の値を減らす」アクションを選んでください。そして以下のように設定をしておきます。

名前	数の変数1
値	1

「数の変数1」の値が1減らされます。これで「Do until」で実行する繰り返し処理は完成しました。

図2-79：「変数の値を増やす」アクションを追加する。

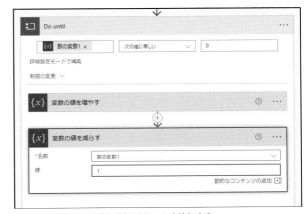

図2-80：「変数の値を減らす」アクションを追加する。

結果を表示する

最後に、計算した結果を通知しましょう。「Do until」の下にアクションを追加します。「新しいステップ」をクリックしてステップを追加し、アクションを選択して行います。

用意するのは、「通知」コネクタの「モバイル通知を受け取る」アクションです。作成後、「テキスト」フィールドの値を以下のように設定しておきましょう。

ゼロから ［数を入力］ までの合計は、「 ［合計］ 」です。

［数を入力］と［合計］は、それぞれ動的コンテンツのパネルから選んで入力します。これで合計を計算する処理は完成しました。フローを保存しておきましょう。

2-81：最後に合計を通知で表示する。

動作を確認しよう

完成したら、モバイルアプリからフローを実行して動作を確認しましょう。最初に「数を入力」で「10」と数字を入力すると、「ゼロから10までの合計は、『55』です。」と通知が表示されます。ちゃんと繰り返しを使って計算が行えることがわかります。

図2-82：数字を「10」と入力すると、ゼロから10までの合計が表示される。

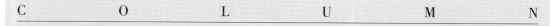

Do until は実行回数に注意！

実際に試してみると、例えば入力した値が「10」ならば正しく「55」が計算されますが、「100」などの大きな値になると正しい値が表示されないでしょう。これは、フローの設定に問題があります。

「Do until」は無限ループ（永遠に繰り返しが終わらないエラー）を回避するため、繰り返し回数の上限が決まっています。デフォルトでは「60」になっています。このため60回以上の繰り返しを行う場合も、60回になったらそこで繰り返しを抜けるようになっているのです。

「Do until」には「制限の変更」というリンクがあります。これをクリックすると、「回数」と「タイムアウト」という設定項目が表示されます。この「回数」が最大繰り返し回数になります。これを変更すれば繰り返し回数を増やせます。

また、「タイムアウト」は処理にかかる最大時間を指定するもので、デフォルトでは「PT1H」になっています。これは1時間を示す値です。

図2-83：Do untilには繰り返し回数とタイムアウトの制限がある。

スコープで処理をまとめる

アクションが増えてくると、全体を見渡すのが難しくなってきます。また複雑な処理になってくると、作りながら「この部分は、こっちより前に移動したほうがいい」というように、処理の流れを見直すことも増えてきます。

Power Automateでは、アクションはドラッグして順番を入れ替えたりできますが、数が増えてくると作業も大変です。

ある程度以上のアクションが並ぶようになったら、特定の処理を行ういくつかのアクションを「スコープ」としてまとめるとよいでしょう。

「スコープ」とは、いくつかのアクションを1つのアクションにまとめるためのものです。スコープを使うことで、長いフローもいくつかのアクションにまとめて整理することができます。

「スコープ」を利用する

これは使い方も簡単ですから、試してみましょう。「Do until」の手前にある「＋」をクリックし、「アクションの追加」を選んでください。そして「コントロール」コネクタにある「スコープ」アクションを選択しましょう。

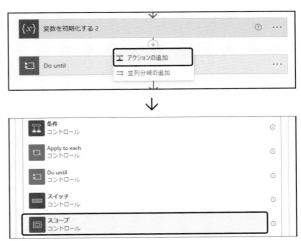

図2-84：「アクションの追加」で「スコープ」を追加する。

これで「スコープ」が追加されます。スコープは他のコントロールのように、実行に関する設定項目などはありません。ただ、実行するアクションを内部に並べるだけのものです。

図2-85：作成された「スコープ」アクション。

内容がよくわかるように、アクションの名前を変えておきましょう。「スコープ」の「…」をクリックして現れたメニューから「名前の変更」を選び、アクション名を「合計を計算する」としておきましょう。

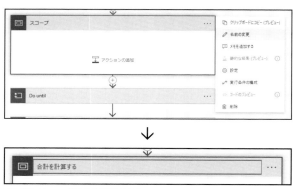

図2-86：スコープの名前を変更する。

スコープにアクションを用意します。「Do until」アクションをドラッグし、「合計を計算する」の中にドロップしてください。これで「Do until」がスコープ内に移動します。

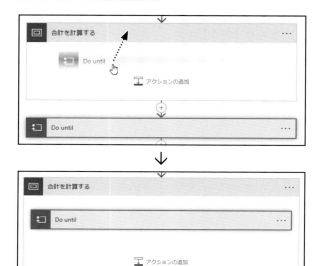

図2-87：「Do until」をスコープ内にドラッグ＆ドロップする。

同様に「モバイル通知を受け取る」アクションもスコープの内部に移動します。これで、合計を計算して表示する処理がすべて「合計を計算する」スコープにまとめられました。

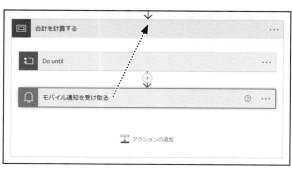

図2-88：「モバイル通知を受け取る」もスコープ内に移動する。

作成したら、「合計を計算する」のタイトルをクリックして内容表示を閉じましょう。フローの流れはずいぶんとシンプルになりました。

フローを実行して動作を確認しましょう。先ほどと同じようにちゃんと合計が計算され表示できます。

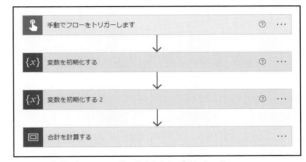

図2-89：完成したフロー。ずいぶんとシンプルになった。

並列分岐について

処理の流れに関する機能としては、「並列分岐」と呼ばれる機能もあります。これは「コントロール」コネクタに用意されているアクションではありません。Power Automateの基本的な処理の流れとして作成できるものです。

並列分岐は文字通り「処理を分岐し、並列に同時実行されるようにしたもの」です。複数の処理を同時に実行したいときに使います。使い方は簡単なのですが、実際に「並列に処理が実行される」というのがどういうことか感覚的に理解しにくいかもしれません。実際に試してみましょう。

「合計を計算する」の上にある「＋」をクリックし、現れたメニューから「並列分岐の追加」を選んでください。並列分岐は、これで作成します。

図2-90：「並列分岐の追加」を選ぶ。

2つの「合計を計算する」

「合計を計算する」と並んでステップが用意されます。ここでアクションを選択すると、並列してそのアクションが実行されるようになります。

では、「合計を計算する」の「…」をクリックして「クリップボードにコピー」を選んでコピーをしてください。そして並列分岐に用意されたステップで、「自分のクリップボード」から「合計を計算する」を選びましょう。

図2-91：「クリップボードにコピー」を使い、並列分岐に「合計を計算する」を追加する。

　これで2つの「合計を計算する」が並列分岐で用意されました。処理の流れを見ると、手前の「変数を初期化する2」から2つの「合計を計算する」につながっていることがわかります。並列分岐を使うと、このようにあるアクションから複数のアクションにつなげることができます。

図2-92：「変数を初期化する2」から2つの「合計を計算する」につなげられている。

実行状況を調べよう

　フローを保存し、右上の「テスト」を使ってテスト実行してみましょう。「数の入力」に適当に数字を入力して実行してください。テストでは通知が表示されませんが、実行状況は詳しく調べることができます。

図2-93：「テスト」を使い、数値を入力して実行する。

　テスト実行すると、フローの実行後に結果の表示画面になります。ここでアクションをクリックして展開すると、実行状況がわかります。

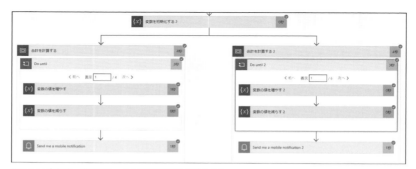

図2-94：実行後、各アクションの実行状況が表示される。

　並列分岐された2つの「合計を計算する」の「Do until」内を見ると、実行状況によっては繰り返す回数が両者で異なっていることもあります。「合計を計算する」では「合計」と「数の変数1」の2つの変数を書き換えながら繰り返しを実行していますから、2つのアクションが同時に実行されると、それぞれのアクション

から同じ変数が書き換えられるため、正しい結果が得られません。ただし、2つのアクションが並行して実行されている状況を調べるには格好のサンプルになります。

　「Do until」では「前へ」「次へ」のリンクをクリックすることで、各繰り返し時の状況を見ることができます。これにより、繰り返すごとに変数がどのように変化しているかを調べてみましょう。

　すると、「合計」や「数の変数1」の値が順に動いておらず、数字が飛んでいたりすることがあるのがわかるでしょう。2つの処理で変数を書き換えているため、次の繰り返しに進む間にもう一方の処理で変数が書き換えられたりしているのですね。

　変数の値の変化を見ていくと、2つのアクションから同時並行して変数の書き換えが実行されていることがよくわかるでしょう。

　この並列分岐は特殊な状況で使うものですので、普通のフロー処理で利用することはあまりないでしょう。ただし、使いこなせば非常に強力な機能なので、使い方だけはぜひ覚えておいてください。実際の活用方法は、もっとさまざまなサービスに接続して処理を実行するようになってから考えていけばいいでしょう。

図2-95：「Do until」の「次へ」で繰り返しの各回数時の変数状況などを調べることができる。

フローのスケジュールについて

　最後に、フローの実行に関する機能として「スケジュール済みフロー」についても触れておきましょう。これまで簡単なサンプルとして作成してきたフローは、すべて「インスタントクラウドフロー」でした。これはトリガーに「手動でフローをトリガーします」を選択し、ユーザーが自分でフローを実行して使いました。

　こういう「手動でトリガーする」というものだけでなく、Power Automateでは自動的にフローが実行されるようなものも作れます。その1つは「自動化したクラウドフロー」というもので、これはサービスの状態や操作に応じて自動的に処理が実行されるものです。これはこの先、実際に何度か利用することになるでしょう。そのときに働きなどを説明します。

　もう1つが「スケジュール済みクラウドフロー」です。これは、決まった日時にフローが実行されるように設定するものです。

　フローを作成するとき、これまで「作成」ページや「マイフロー」ページから、作成するフローの種類を示す表示やメニューを選んで作成してきました。この中に「スケジュール済みクラウドフロー」という項目があります。

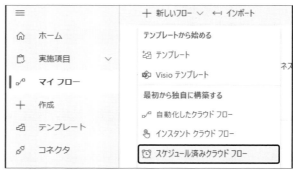

図2-96：「作成」ページや「マイフロー」ページには、「スケジュール済みクラウドフロー」という項目がある。

スケジュール済みクラウドフローの設定

　この「スケジュール済みクラウドフロー」を選ぶと、フロー名の他に、フローを開始する日時と、繰り返す回数・間隔を入力する項目が表示されます。これらを設定することで、決まった日から一定の間隔で何度もフローが実行されるように設定できます。

　スケジュール済みクラウドフローがこれまでのフローと違うのは、このトリガーの部分だけです。この中で実行するアクションなどに違いはありません。

図2-97：スケジュール済みクラウドフローの設定画面。開始する日時と繰り返す回数間隔を指定できる。

フローの3つの実行方式

　フローには「インスタントクラウドフロー」「自動化したクラウドフロー」「スケジュール済みクラウドフロー」の3つの実行方式がある、ということを頭に入れておいてください。その他のデスクトップフローやビジネスフローは、とりあえず考える必要はありません。この3つを使いこなすことが、Power Automateのフロー作成の基本といってよいでしょう。

Chapter 3

データの処理

Power Automateではさまざまなデータを扱います。
ここでは数値・テキスト・日時・配列・オブジェクトといった、
基本の値の使い方について説明していきます。

Chapter 3

3.1.

数値の操作

新しいフローの用意

　Chapter 2で主に整数の値を使った変数や式の利用について説明をしました。何らかの処理を行うとき、重要になるのが「値の操作」です。Power Automateは基本的に「さまざまなサービスにアクセスして自動的に処理を実行させる」というものですが、こうしたサービスから得られる情報を整理したり、加工して別のサービスに情報を送ったりする際には、「持っている情報をどのように扱うのか」がわかっていなければいけません。そこで、さまざまな値の扱い方について説明をしていきましょう。

フローを作成する

　まずは、数値を扱うためのフローを用意しましょう。今回は「マイフロー」から作成してみます。「マイフロー」は自分が作成したフローが表示されるページで、作ったフローを再編集したり実行したりすることができます。いくつかフローを作るようになったら、この「マイフロー」ページがおそらくもっともよく使うページとなるでしょう。

　「マイフロー」ページの上部にある「新しいフロー」をクリックし、「インスタントクラウドフロー」メニューを選んでください。現れたパネルでフロー名に「値の操作フロー 1」と記入し、「手動でフローをトリガーします」トリガーを選択して作成をします。

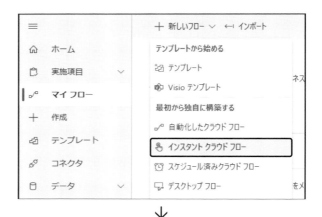

↓

図3-1：インスタントクラウドフローで「値の操作フロー 1」フローを作る。

トリガーに入力を追加

　フローが作成され、編集画面になります。まずは入力項目を用意しましょう。「手動でフローをトリガーします」をクリックし、「入力の追加」をクリックして「数」を選びます。

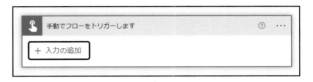

図3-2：「入力の追加」をクリックし、「数」を選ぶ。

　数の入力項目が追加されます。タイトルには「数を入力」と記入しておきましょう。これが動的コンテンツで表示される名前になります。

図3-3：タイトルを「数を入力」としておく。

変数を追加する

　次に、入力された値を変数に用意しておきます。「新しいステップ」をクリックし、現れたパネルから「組み込み」にある「変数（Variable）」コネクタを選択します。そして、その中にある「変数を初期化する」アクションを選びます（なお、「変数」は、環境などにより「Variable」と英語で表示される場合もあります）。

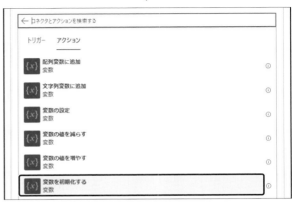

図3-4：「変数」の「変数を初期化する」アクションを選ぶ。

　「変数を初期化する」アクションが追加されます。ここにある3つの設定項目で変数の内容を以下のように設定しておきましょう。

名前	数の変数1
種類	整数
値	［数を入力］（動的コンテンツ）

図3-5：変数の設定を行う。

　これで「数の変数1」という変数が作成され、トリガーに用意した「数を入力」の値が設定されるようになります。

「数値関数」について

　では、値の扱いについて説明をしていきましょう。まずは「数値」からです。数値に関する機能としては、組み込みコネクタとして「数値関数」というものが用意されています。これには「数値の書式設定」というアクションが用意されています。

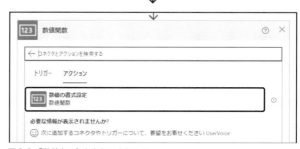

図3-6：「数値」コネクタとアクション。

　「数値の書式設定」というアクションは、数値の表示をフォーマットして整えるためのものです。例えば「12300」といった値を「12,300.00」とするなど、読みやすい形式に変換する働きをします。
　このアクションには以下の3つの設定項目が用意されています。

番号	フォーマットする数値を指定します。
フォーマット	フォーマットの形式をテキストで指定します。
ロケール	利用する地域・国を設定します。

　フォーマットは用意されている項目から選ぶ他、自分でフォーマット指定のテキストを直接記入して作成することもできます。またロケールは、特に金額表示などで利用する記号を国や地域に合わせて自動調整するなどの役割を果たします。

図3-7：「数値の書式の設定」に用意されている3つの設定項目。

計算結果をフォーマットして表示

　では、「数値の書式の設定」アクションを使ってみましょう。先ほど入力した値を変数に保管しましたが、これを元に計算を行い、その結果を表示させてみます。

　まず、計算した結果を保管する変数を用意します。「新しいステップ」をクリックし、「変数」コネクタから「変数を初期化する」アクションを選んでください。

図3-8：「変数を初期化する」アクションを追加する。

　作成したアクションに設定を行います。ここでは入力した金額から消費税10%を差し引いた金額を計算して変数に設定しましょう。アクションの設定項目をそれぞれ以下のように入力してください。

名前	計算結果
種類	Float
値	（式で入力）

　「値」の部分は、フィールドをクリックして現れる動的コンテンツのパネルから「式」をクリックし、式を記入して設定します。以下の式を入力してください。

▼リスト3-1

```
div(variables(' 数の変数1'), 1.1)
```

これで、「数の変数1」
を1.1で割った値（つま
り、税込価格から本体
価格を計算したもの）が
得られます。

図3-9：「計算結果」変数に式を設定する。

通知の追加

結果を表示する通知アクションを追加しま
しょう。「新しいステップ」をクリックし、「通
知」コネクタから「モバイル通知を受け取る」
アクションを選択します。

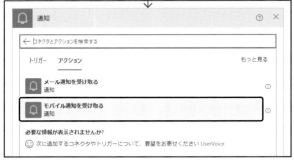

図3-10：通知のアクションを追加する。

アクションが追加されたら設定を行います。「テキスト」フィールドに、以下のように値を記入してくだ
さい。

［数を入力］　の本体価格は、［計算結果］　です。

［数を入力］と［計算結果］は、それぞれ動
的コンテンツのパネルから選択して入力をし
ます。これで計算結果が表示されるようにな
りました。作成できたら、「保存」をクリック
してフローを保存しておきましょう。

図3-11：通知として表示するテキストを作成する。

モバイルアプリで実行する

では、スマートフォンから「Power Automate」アプリを起動しま
しょう。「ボタン」に表示を切り替えると、3つ目のボタンが追加され
ていることがわかります。これが、今回作成した「値の操作フロー1」
フローの実行ボタンです。

図3-12：「値の操作フロー1」のボタンが追
加されている。

　ボタンをタップしてフローを実行しましょう。数字を入力すると、消費税額を抜いた本体価格が表示されます。

　実際に試してみるとわかりますが、値によっては非常に細かい小数の値が表示されるでしょう。例えば「1234」と入力すると、「1121.81818181818」といった値が表示されてしまいます。コンピュータというのは内部では2進数で計算をしているため、実数の計算ではこうした誤差がよく表示されます。この状態ではちょっと見づらいですね。そこで、「数値の書式の設定」アクションが必要になるのです。

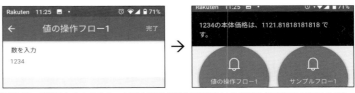

図3-13：1234と入力すると、1121.81818181818という循環小数の結果が表示された。

「数値の書式の設定」アクションを使う

　では、これにアクションを追加して見やすくしましょう。「変数を初期化する2」と「モバイル通知を受け取る」の間にある「＋」をクリックし、「アクションの追加」を選んでください。そして、「数値関数」コネクタから「数値の書式の設定」アクションを選択します。

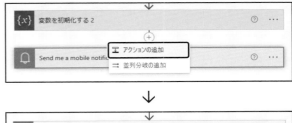

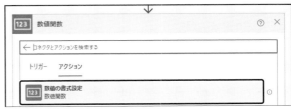

図3-14：「アクションの追加」メニューで「数値の書式の設定」アクションを追加する。

　作成された「数値の書式の設定」アクションの設定を行いましょう。以下のように値を入力ください。

番号	[計算結果]（動的コンテンツ）
フォーマット	「$1,234.00」を選択
ロケール	「Japanese(ja)」を選択

　ここでは$1,234.00というフォーマットを指定しました。金額に関するフォーマットです。$とありますが、これは金額の単位を示す記号で、ロケールを日本にすると¥記号として表示されます。

図3-15：「数値の書式の設定」アクションの設定を行う。

通知の表示を修正

　続いて、下にある「モバイル通知を受け取る」アクションの表示を修正しましょう。「テキスト」フィールドの内容を以下に書き換えます。

```
［ 数を入力 ］　の本体価格は、［ 書式設定された数値 ］　です。
```

　ここで使われている「書式設定された数値」は動的コンテンツです。「数値の書式の設定」アクションにより生成されたフォーマット済みの値が保管されています。これにより、フォーマットされた結果が表示されるようになります。

図3-16：通知の表示内容を修正する。

実行し結果を確認

　修正できたらフローを保存してモバイルアプリから実行しましょう。同じようにフローを実行すると、結果で表示される金額が変わります。例えば「1121.81818181818」といった値は、「¥1,121.81」に変わります。
　このように「数値の書式の設定」を使うと、特に掛け算割り算で細かな端数が出てくるような場合も結果をわかりやすい値に整理して表示することができます。
　注意したいのは、「書式設定された数値」はもう数値ではない、という点です。これはフォーマットされた「テキストの値」です。ですから、この値を使ってさらに計算をすることはできません。あくまで「テキストで結果を表示するためのもの」と考えましょう。

図3-17：通知の金額が整理された。

Chapter
3

3.2.

テキストの操作

「テキスト関数」について

　続いて、テキストに関する処理です。テキスト関係の機能は「テキスト関数」というコネクタに用意されています。「組み込み」のリンクにあります。

　この「テキスト関数」内には、以下の2つのアクションが用意されています。

テキストの位置の検索	あるテキストの中に検索するテキストがあるか調べ、その位置（何文字目か）を返します。
部分文字列	あるテキストの中から指定した部分（何文字目から何文字か）を取り出します。

　「テキストの位置の検索」は検索テキストの位置を示す整数値が得られ、「部分文字列」では一部分だけを抜き出したテキストが得られます。どちらもテキストの一番最初の位置は「ゼロ」になります。そして1文字目の後が1，2文字目の後が2……というように位置の値が指定されます。

図3-18：「テキスト関数」には2つのアクションが用意されている。

フローを用意する

　テキストの入力を行うフローを新しく用意しましょう。「マイフロー」を選択し、「新しいフロー」から「インスタントクラウドフロー」メニューを選んでフローを作成します。名前は「値の操作フロー 2」としておき、トリガーには「手動でフローをトリガーします」を選んで作成をします。

図3-19：「値の操作フロー 2」というフローを作成する。

テキストの入力を用意する

　フローの編集画面になったら、「手動でフローをトリガーします」をクリックして展開し、「入力の追加」から「テキスト」の入力を追加しましょう。タイトルには「テキストの入力」としておきます。

図3-20：テキストの入力項目を1つ用意する。

変数を用意する

　入力した値を保管する変数を用意します。「新しいステップ」をクリックし、「変数」コネクタから「変数を初期化する」アクションを選択します。

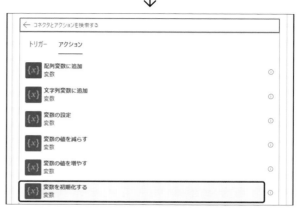

図3-21：「変数」コネクタから「変数を初期化する」アクションを追加する。

アクションが作成されたら、用意されている項目の設定を行いましょう。それぞれ以下のように値を設定してください。

名前	テキストの変数1
種類	文字列
値	[テキストの入力]（動的コンテンツ）

値に設定されている「テキストの入力」は、トリガーから入力された値が保管されているところです。動的コンテンツのパネルから選んで入力します。

図3-22：「テキストの変数1」に値を入力する。

テキストの一部を表示する

テキスト関数のアクションを利用したサンプルを作りましょう。「新しいステップ」をクリックし、「テキスト関数」コネクタから「テキストの位置の検索」アクションを選択して追加します。

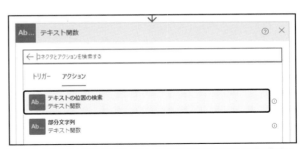

図3-23：「テキスト関数」の「テキストの位置の検索」アクションを選択する。

アクションが作成されたら、用意されている設定をそれぞれ以下のように修正してください。

テキスト	[テキストの変数1]（動的コンテンツ）
検索テキスト	Power

ここでは「テキストの変数1」をテキストに指定しています。先ほど作成した変数ですね。ここから「Power」というテキストを検索します。

図3-24：「テキストの位置の検索」の設定を行う。

「部分文字列」を追加する

もう1つアクションを追加しましょう。「新しいステップ」をクリックし、「テキスト関数」から「部分文字列」アクションを追加します。

図3-25：「テキスト関数」の「部分文字列」アクションを追加する。

作成したら、アクションの設定を行います。ここでは3つの設定項目があります。それぞれ以下のように入力してください。

テキスト	[テキストの変数1]（動的コンテンツ）
開始位置	[テキストの位置]（動的コンテンツ）
長さ	15

[テキストの変数1]は作成した変数ですね。[テキストの位置]は先ほどの「テキストの位置の検索」アクションで調べた「Power」がある位置を示す値です。アクションを実行すると、このような名前の変数として結果が用意されるのですね。

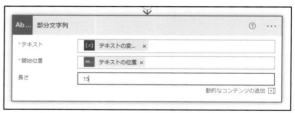

図3-26：「部分文字列」の設定を行う。

通知を用意する

最後に通知を用意しましょう。「新しいステップ」をクリックし、「通知」コネクタから「モバイル通知を受け取る」アクションを選択します。

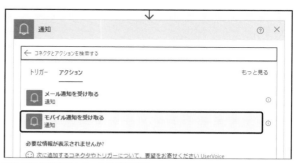

図3-27：通知のアクションを追加する。

作成されたアクションのテキストに、表示する内容を設定します。ここでは以下のように値を入力しましょう。

「[部分文字列]」が見つかりました。

ここでの「部分文字列」というのはアクションではなく、「部分文字列」アクションで得られた値です。「部分文字列」アクションは、結果を同名の動的コンテンツとして保管するのですね。

図3-28：「テキスト」フィールドに表示内容を記述する。

モバイルアプリで実行する

モバイルアプリでフローを試しましょう。「Power Automate」アプリで「ボタン」を更新すると、「値の操作フロー 2」のボタンが追加されているのがわかります。

図3-29：4つ目のボタンが追加されている。

このボタンをタップし、「Power」というテキストを含む文章を入力して見てください。その Power から15文字分のテキストが取り出され、表示されます。

ここではまず「テキストの位置の検索」で Power がある位置を調べ、その値を使って「部分文字列」でテキストを取り出しています。このように、テキストの内容を調べて必要な部分だけを取り出すのにテキスト関数のアクションは使われます。

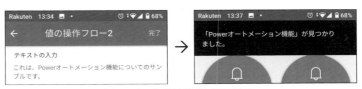

図3-30：Power から15文字のテキストが取り出され表示される。

テキストの関数と「式」

「テキスト関数」コネクタはテキストを扱う機能を提供してくれますが用意されているアクションは2つと少なく、これだけでは心もとないかもしれません。実を言えばPower Automateには、この他にも多くのテキスト操作用の機能が用意されています。それは「関数」です。Power Automateでは動的コンテンツとして「式」を作成できましたね。そこで利用できる関数に、テキスト関連のものが多数揃えられているのです。

では、実際に関数を使ったテキスト処理を行ってみましょう。ここでは入力したテキストを「テキストの変数1」という変数に代入していましたが、このときに式を使ってテキスト処理した値を変数に設定するようにしてみましょう。

入力を追加する

まず最初に入力の項目を追加します。「手動でフローをトリガーします」トリガーをクリックして展開し、「入力の追加」を使って2つのテキスト入力を追加します。追加するのはそれぞれ以下のようにタイトルを指定しておきます。

- 検索
- 置換

図3-31：3つのテキスト入力項目を用意する。

これで「テキストの入力」「検索」「置換」という3つのテキスト入力項目が用意されます。

変数に式を設定する

トリガーの下にある「変数を初期化する」アクションをクリックして展開表示してください。そして「値」のフィールドを消去してからの状態にし、パネルの「式」を選択して式を入力します。今回は以下のように記入をしましょう。

▼リスト3-2

```
replace(triggerBody()['text'],triggerBody()['text_1'],triggerBody()['text_2'])
```

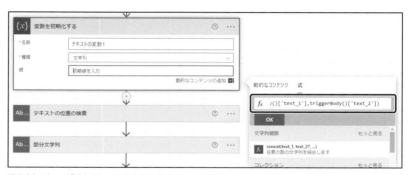

図3-32：値には「式」パネルから式を入力する。

　説明は後にして、フローを完成させましょう。この「変数を初期化する」の下には２つの「テキスト関数」コネクタのアクションが並んでいました。これらの「…」をクリックして「削除」メニューを選び、２つとも削除しておきます。

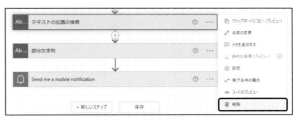

図3-33：テキスト関数のアクションを削除する。

　最後の「モバイル通知を受け取る」アクションをクリックして展開表示し、「テキスト」フィールドの内容を修正します。以下のように入力しておきましょう。

「[テキストの変数 1] 」が見つかりました。

図3-34：通知の表示テキストを修正する。

フローを実行する

　修正ができたら保存し、モバイルアプリからフローを実行しましょう。最初に３つの入力フィールドが表示されます。ここで処理をするテキストと、検索テキスト、置換テキストをそれぞれ入力します。
　完了すると、テキストから検索テキストをすべて置換テキストに置き換えたものが通知に表示されます。

図3-35：テキストと検索置換テキストを入力すると、テキストを置換したものが表示される。

覚えておきたい主なテキスト関数

ここでは式に「replace」という関数を使っています。この関数では、()内の引数に以下のようなものが指定されています。

```
triggerBody()['text']
triggerBody()['text_1']
triggerBody()['text_2']
```

これらは、トリガーに用意された3つの入力項目の値です。トリガーというのは、triggerBody()で得られると説明しましたね。その後に['text']というようにして入力項目の名前を指定すると、その値が得られるわけです。

ここでは3つのテキストの入力項目を用意してあります。これらが、'text', 'text_1', 'text_2'といった値として取り出されていたのですね。入力項目はタイトルとtriggerBody()に用意されている値が異なります。慣れるまで名前に十分注意をしましょう。

主なテキスト関数

ここで使ったreplaceはテキストを置換する関数です。この他にもテキスト関係の関数はいろいろと揃っています。主なものだけここで紹介しておきましょう。

●concat(テキスト1, テキスト2, ……)

複数のテキストをつなげて1つのテキストを作成します。引数には、つなげたいテキストをカンマで区切って必要なだけ記述します。

●substring(テキスト, 位置, 長さ)

これはすでに使ったことがあります。そう、「部分文字列」アクションの関数版なのです。()の引数には元になるテキスト、取り出す位置(整数)、取り出す文字数(整数)をそれぞれ指定します。

●replace(元のテキスト, 検索, 置換)

これも先ほど使ったものですね。()の引数には元になるテキストと検索するテキスト、置換するテキストを用意します。これで元のテキストから検索テキストを探し出し、すべて置換テキストに置き換えたものを作成します。

●toLower(テキスト) ／ toUpper(テキスト)

半角英文字にのみ適用される関数です。toLowerは引数のテキストをすべて小文字に、toUpperはすべて大文字に変換します。

●startsWith(テキスト, 検索) ／ endsWith(テキスト, 検索)

テキストが指定のテキストで始まり・終わりになっているかを調べるものです。1つ目の引数には元になるテキストを、2つ目には検索するテキストを指定します。startsWithでは元になるテキストが検索テキストで始まるかどうか、endsWithでは検索テキストで終わるかどうかを調べます。

●split(テキスト, 区切り)

　テキストを特定の文字で分割するためのものです。1つ目の引数には元になるテキストを指定し、2つ目の引数には区切りとなるテキストを用意します。これで元になるテキストから区切りテキストを検索し、そこでテキストを分割します。分割したテキストは「配列」と呼ばれる形になります（配列についてはこの後で説明します）。

Chapter 3

3.3.

日時の操作

「日時」について

　数値やテキストの値というのは値として馴染みのあるものであり、比較的扱いやすいものです。これに対し、よく利用するものでありながら、とらえどころがないのが「時間」に関する値です。日付や時刻などの値はどのようになっているのか、イメージしにくいのではないでしょうか。

　Power Automateに用意されている時間に関する機能は、「日時」というコネクタとして用意されています。この中に、時間に関するアクションがまとめられています。

図3-36：「日時」コネクタの中に時間に関するアクションが用意されている。

フローを用意する

　これも新しいフローを作成して使うことにしましょう。「マイフロー」から上部の「新しいフロー」内にある「インスタントクラウドフロー」メニューを選んでください。フロー名を「値の操作フロー3」とし、トリガーに「手動でフローをトリガーします」を選択してフローを作りましょう。

図3-37：インスタントクラウドフローを新しく作成する。

現在の時刻を表示する

　作成したフローを使い、現在の時刻を表示する処理を作ってみましょう。「新しいステップ」をクリックして「日時」コネクタを選択し、「現在の時刻」というアクションを選択しましょう。これでアクションが追加されます。このアクションには設定などの項目はありません。ただ配置するだけで、現在の時刻が得られます。

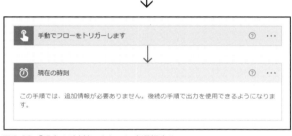

図3-38：「現在の時刻」アクションを選択する。

通知を追加する

現在の時刻を表示するための通知を用意しましょう。「新しいステップ」をクリックし、「通知」コネクタの「モバイル通知を受け取る」アクションを選択してフローに追加します。

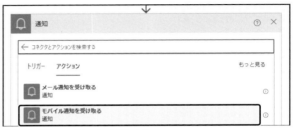

図3-39：通知のアクションを追加する。

追加した「モバイル通知を受け取る」アクションの「テキスト」フィールドに表示内容を作成します。今回は以下のように記述をしておきましょう。

今は、[現在の時刻] です。

この「現在の時刻」というのは、同名の「現在の時刻」アクションで得られた日時の値になります。修正ができたらフローを保存しておきましょう。

図3-40：アクションの「テキスト」に表示内容を用意する。

フローを実行しよう

フローを実行しましょう。モバイルアプリの「Power Automate」の「ボタン」を更新すると、新たに「値の操作フロー3」のボタンが追加されます。これが新たに作ったフローの実行ボタンです。

図3-41：ボタンがさらに1つ追加された。

ボタンをタップして実行してください。画面に現在の日時の値が通知として表示されます。ちょっとわかりにくい表記かもしれませんが、日付と時刻らしき値が表示されているのがわかるでしょう。

図3-42:実行すると、現在の日時が表示される。

時刻があってない?

実際に試してみると、「日付T時刻.数値Z」といった形式で日時が表示されるのがわかります。が、よく見るとTの後の時刻が実際の時刻からかなりずれているのに気がつくでしょう。

ここで得られる値は、実はUTC(協定世界時)の時刻なのです。日本時間はUTCより9時間ずれているため、時刻がずれているように見えるのです。

タイムゾーンの変換

これで一応日時を表示できましたが、いろいろ問題がありますね。まず、得られるのがUTCの時刻なので日本時間 (JST) に変換しないと使えません。そして、日時の値の表示が見づらいので、もう少し見やすい表示にしたいところです。

こうした問題を解決するには、「タイムゾーンの変換」という作業を行います。日時の値のタイムゾーン(世界のどの時間帯にいるかを示すもの) をUTCからJSTに変換する作業です。これにより、UTC時刻がJST時刻に変更されます。併せて、表示する日時のフォーマットも指定することができます。

「タイムゾーンの変換」を追加

タイムゾーンの変換は、その名の通り「タイムゾーンの変換」というアクションとして用意されています。これを使ってJST時刻に変換しましょう。

「現在の時刻」アクションの下にある「+」をクリックし、「アクションの追加」メニューを選んでください。そして「日時」コネクタの「タイムゾーンの変換」アクションを選択し、追加しましょう。

図3-43:「日時」から「タイムゾーンの変換」アクションを選択する。

「タイムゾーンの変換」の設定

　このアクションには全部で4つの設定項目が用意されています。これらは元になる日時の他は、プルダウンリストから使いたい項目を探して選ぶだけです。ただし、項目の数が非常に多いのでわかりにくいかもしれません。

基準時間	元になる日時の値を指定します。
変換元のタイムゾーン	元になる日時のタイムゾーンを指定します。
変換先のタイムゾーン	どのタイムゾーンに変換するかを指定します。
書式設定文字列	日時の表示フォーマットを指定します。

　これらをすべて正しく設定しないと、タイムゾーンの変換はうまく行えません。以下のように項目を指定しましょう。

基準時間	［現在の時刻］（動的コンテンツ）
変換元のタイムゾーン	協定世界時
変換先のタイムゾーン	大阪、札幌、東京
書式設定文字列	世界共通の並べ替え可能な日時パターン

図3-44：「タイムゾーンの変換」で項目を設定する。

通知の表示を修正する

　設定ができたら、通知の表示を修正します。「モバイル通知を受け取る」をクリックして展開表示し、「テキスト」フィールドの内容を以下のように修正してください。

> 今は、［ 変換後の時間 ］ です。

　ここでの「変換後の時間」は「タイムゾーンの変換」で変換された値です。タイムゾーンの変換は実行結果を動的コンテンツとして提供します。この値を利用して表示などを作成すればいいのですね。

図3-45：通知にタイムゾーンの変換をした値を表示させる。

日時の計算

　日時は指定した日付や時刻を扱うだけでなく、計算に使うこともあります。例えば、「今日から100日後は何日か」といった日時に関する計算をすることはよくあります。

　こうした計算のためのアクションも「日時」コネクタには用意されています。これらを使って日時の計算を行ってみましょう。

日時計算のアクション

　「日時」に用意されている計算のためのアクションは全部で4つあります。以下に簡単に整理しておきましょう。

時間からの減算	元の日時から指定の時間だけ前に戻った日時を調べます。「○月○日から×日前の日付」などを調べるためのものです。
時間への追加	元の日時から指定の時間だけ先に進んだ日時を調べます。「○月○日から×日後の日付」などを調べるためのものです。
過去の時間の取得	今日から指定の時間だけ前に戻った日時を調べます。「今日より×日前の日付」などを調べるものです。
未来の時間の取得	今日から指定の時間だけ先に進んだ日時を調べます。「今日から×日後の日付」などを調べるものです。

　ある日時から、決まった時間だけ足したり引いたりするものと考えればいいでしょう。「時間からの減算」「時間への追加」は基準となる日時を指定できますが、「過去の時間の取得」「未来の時間の取得」は「現在」に足したり引いたりするものです。

今日から〇〇日後の日付を調べる

　実際に日付の計算を行ってみましょう。ここでは「今日から〇〇日後の日付」を調べてみます。

　まず、トリガーに日数を入力する項目を用意しましょう。「手動でフローをトリガーします」をクリックして展開表示し、「入力の追加」をクリックして「数」の入力を追加します。ラベルは「日数を入力」としておいてください。

図3-46：トリガーに数の入力を追加する。

「時間への追加」を追加する

　続いてアクションを追加します。「現在の
時刻」の下の「＋」をクリックして「アクショ
ンを追加」メニューを選び、「日時」コネクタ
の「時間への追加」アクションを選択します。
今日からの日数なら「未来の時間の取得」ア
クションでもいいのですが、「時間への追加」
のほうが汎用性があるので、こちらの使い方
を覚えることにします。

　次に、作成されたアクションの設定を行い
ます。ここでは以下のように入力をしておき
ましょう。

図3-47：「時間への追加」アクションを追加する。

基準時間	[現在の時刻]（動的コンテンツ）
間隔	[日数を入力]（動的コンテンツ）
時間単位	「日」を選択

　時間の計算に関するアクションは、「間隔」
と「時間単位」で加算減産する時間を指定し
ます。間隔に数字、時間単位で単位を指定し
ます。例えば間隔が「10」で時間単位が「日」
なら「10日間」を表すわけです。ここで利用
した[日数を入力]は、トリガーで入力され
る日数の値です。これを使って、加算する日
数を設定しているのです。

図3-48：「時間への追加」の設定を行う。

「タイムゾーンの変換」の修正

　後は、修正をいくつか行います。まず「タイムゾーンの変換」からです。これは、「時間への追加」で得ら
れた日時の値を変換するように修正します。以下のように項目を変更してください。

基準時間	[算出時間]（動的コンテンツ）
変換元のタイムゾーン	協定世界時
変換先のタイムゾーン	大阪、札幌、東京
書式設定文字列	yyyy年M月s日

　[算出時間]は、「時間への追加」で計算した結果の日時が設定されている動的コンテンツです。書式設定文字列のところには、直接「yyyy年M月s日」とテキストで記入をします。ここはあらかじめ用意されているフォーマットだけでなく、フォーマットを示すテキストを直接記入することで独自のフォーマットを使うこともできるのです。

日時のフォーマットについて

　フォーマットのテキストは、あらかじめ用意された記号を使って日時の値を記述します。以下の基本的な記号だけでも覚えておけば簡単なフォーマットは書けるようになります。

フォーマット用の記号

y	年の値
M	月の値
d	日の値
h	時の値（12時間表記）
H	時の値（24時間表記）
m	分の値
s	秒の値

図3-49：「タイムゾーンの変換」の設定を変更する。

　これらは同じ記号を複数記述することで表示の桁を指定できます。例えば年の値をyyとすると2桁で表示しますが、yyyyとすれば4桁で表示します。

通知の表示の修正

　最後の「モバイル通知を受け取る」の「テキスト」フィールドの値も修正しましょう。以下のように記述をし、フローを保存しておきます。

> 今日から［日数を入力］日後は、［変換後の時間］です。

図3-50：通知の表示内容を修正する。

動作を確認しよう

　モバイルアプリで動作を確認しましょう。ボタンをタップしてフローを実行すると、日数を入力する画面になります。ここで整数の値を記入すると、今日からその日数が経過した日時を計算して表示します。

図3-51：日数を入力すると、その日数経過後の日付を表示する。

Chapter
3

3.4.
配列の操作

配列（アレイ）とは何か

何らかのデータを使う場合、多くは「多数の値がひとまとめになっている」でしょう。例えば売上のデータならば、年ごとや支店ごとにデータがまとめられていることが多いはずです。こうした「多数の値がひとまとめになっている」というようなときに使われるのが「配列」という値です（Power Automate では「アレイ」と表記されています）。

配列は多数の値をまとめて扱うためのものです。配列の中には値を保管する多数の置き場所があり、通し番号で管理されています。そして「1 番の値を取り出す」「2 番の値を変更する」というように、番号を使った多数の値の中から特定の値を取り出したり、そこに保管してある値を変更したりできるようになっています。

配列の作成

配列は「変数」コネクタにあるアクションで作成することができます。「変数を初期化する」アクションを使い、「種類」から「アレイ」という項目を選ぶと、配列の設定された変数が作成されます。

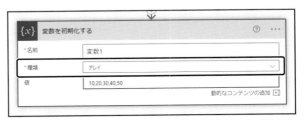

図3-52：「変数を初期化する」アクションで配列の変数を作ることができる。

作成した配列に値を追加するため、「変数」コネクタには「配列変数に追加」というアクションが用意されています。配列の変数と値を指定することで、すでにある配列の末尾に値を追加することができます。

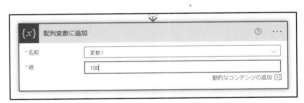

図3-53：「配列変数に追加」アクションで配列に値を追加できる。

配列を使ったフローを作る

では、実際に配列を利用してみましょう。ここでは新しいフローを用意して配列を利用してみることにします。

「マイフロー」で「新しいフロー」から「インスタントクラウドフロー」メニューを選び、フローを作成しましょう。現れたパネルで以下のように設定して作成をしてください。

フロー名	値の操作フロー4
このフローをトリガーする方法を選択します	手動でフローをトリガーします

図3-54：新しいフローを作成する。

配列を作る

配列を作成しましょう。「新しいステップ」をクリックし、パネルから「変数」コネクタの「変数を初期化する」アクションを選択してください。

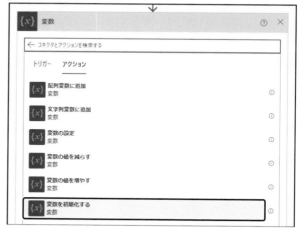

図3-55：「変数を初期化する」アクションを追加する。

アクションが追加されたら、用意されている項目に配列作成の設定を行います。それぞれ以下のように記入してください。

名前	配列1
種類	アレイ
値	[10,20,30,40,50]

配列は、種類を「アレイ」にして作成します。値には [値1, 値2,……] というように、[]の中に各値をカンマで区切って記述していきます。これが配列の値の基本的な書き方です。

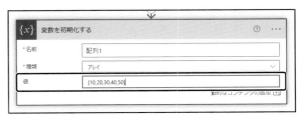

図3-56：種類を「アレイ」にして配列のデータを記入する。

配列の内容をチェックする

アクションが用意できたら、右上にある「テスト」をクリックしてフローを実行してみましょう（まだモバイルアプリは使いません）。フローを実行し、問題なく終了すればOKです。

図3-57：テストでフローを実行する。

実行が終了すると、結果の画面になります。そこで「変数を初期化する」をクリックして表示を展開してください。すると、作成された配列のデータが表示されます。「値」のところに、[]内に5つの値が並んでいるのがわかるでしょう。これが、作成された配列の内容です。

図3-58：作成された配列の内容を調べる。

配列とApply to eachによる繰り返し

配列は同じ種類の値を大量に保管するようなときに使われます。こうした場合、保管されているデータは1つ1つ個々に処理を用意するのではなく、「すべての値について同じ処理を実行する」というような使い方をするほうが圧倒的に多いものです。

例えばデータの合計や平均を計算するには、配列から1つ1つの値を順に取り出して加算していく必要があります。

こうした処理には配列専用の「繰り返し」を使います。これは、「コントロール」コネクタに用意されている「Apply to each」というアクションです。

このアクションは指定した配列から順に値を取り出して処理を実行します。他の「条件」や「Do until」などのコントロールアクションと同じく、内部にアクションを組み込むことができます。配列から値を順に取り出し処理を行う際の基本として、「Apply to each」の使い方を覚えておく必要があるでしょう。

図3-59：「Apply to each」は配列から順に値を取り出し処理する。

配列を合計する

配列の値を「Apply to each」で処理してみましょう。フローの編集画面に戻り、「新しいステップ」をクリックして「変数」コネクタの「変数を初期化する」アクションを追加してください。

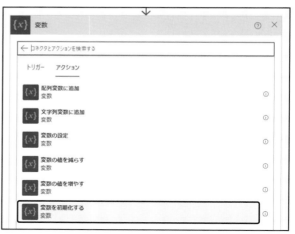

図3-60：「変数を初期化する」アクションをもう1つ追加する。

作成したら、アクションの設定項目を以下のように設定していきましょう。この「合計」変数に配列の値を足していきます。

名前	合計
種類	整数
値	0

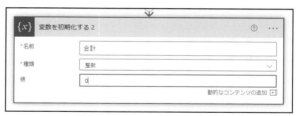

図3-61：「合計」変数の設定を行う。

「Apply to each」を追加する

では、繰り返し処理を用意しましょう。「新しいステップ」をクリックし、「コントロール」コネクタから「Apply to each」アクションを選択して追加してください。

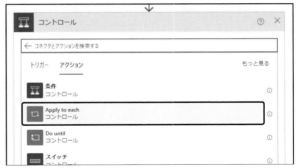

図3-62：「Apply to each」アクションを追加する。

この「Apply to each」アクションでは、利用する配列を指定する項目が用意されています。動的コンテンツのパネルから「配列1」変数を選んで指定しておきましょう。これで「配列1」から順に値を取り出し、繰り返し処理を実行するようになります。

図3-63：「配列1」を項目に設定する。

配列の値を加算する

繰り返し内で実行する処理を用意しましょう。「Apply to each」内にある「アクションの追加」をクリックし、「変数」コネクタから「変数の値を増やす」アクションを選択して追加します。

図3-64：Apply to each内に「変数の値を増やす」アクションを追加する。

アクションが作成されたら、設定を行います。それぞれ以下のように値を入力してください。

名前	合計
値	[現在のアイテム]（動的コンテンツ）

　[現在のアイテム]は、動的コンテンツのパネルの一番下（「Apply to each」という項目）にあります。これはApply to eachで配列から取り出された値が保管されている変数です。これを「合計」変数に足していきます。

図3-65：合計にApply to eachの「現在のアイテム」を足していく。

結果を通知する

　最後に、計算した結果を表示しましょう。一番下の「新しいステップ」をクリックし、「通知」コネクタの「モバイル通知を受け取る」アクションを選択してください。

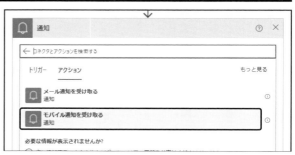

図3-66：通知のアクションを追加する。

　作成したら、「テキスト」フィールドに表示する内容を記述していきます。ここでは以下のように入力をしましょう。「合計」は動的コンテンツから変数を入力します。

合計は、「[合計]」です。平均は、「[式]」です。

図3-67：通知のテキストに合計と平均の値を計算して表示する。

わかりにくいのは平均の結果部分でしょう。平均の「」の部分にキャレット（入力位置）がくるようにしてから動的コンテンツのパネルを「式」に切り替え、以下のように入力をします。

▼リスト3-3
```
int(div(variables(' 合計 '),length(variables(' 配列1'))))
```

これは合計を配列の要素数で割って平均を計算する式です。以下のような関数を組み合わせています。

int(値)	実数から整数部分を得る。
div(値1, 値2)	値1を値2で割る。
length(配列)	配列の要素数を得る。
variables(名前)	指定した名前の変数の値を得る。

lengthというのが新しく登場した関数ですね。「合計」の値をlengthで得た配列の要素数で割り、その整数部分を取り出して表示していたのですね。

図3-68：式を使って平均の計算結果を表示させる。

フローを実行する

フローを実行しましょう。モバイルアプリの「Power Automate」で「ボタン」を選択すると、作成した「値の操作フロー4」が追加され、計6個のフローが表示されるようになっています。

図3-69：6個のフローがボタンに表示される。

追加した「値の操作フロー4」をタップしてください。すると、「合計は、『150』です。平均は、『30』です。」と通知が表示されます。配列のデータの合計と平均が計算できているのがわかります。

図3-70：フローを実行すると、配列の合計と平均が表示される。

配列データを入力するには？

これで配列を使った処理の仕方はわかりました。しかし、配列のデータを変数の初期値として記述しておくのでは、自由にデータを設定できません。データが変わるたびにアクションの設定を書き直さないといけません。

配列の値はトリガーで入力できないのか？と思った人。これは、できません。入力の値には配列という種類は用意されていないのです。しかしひと工夫することで、配列のデータを入力することは可能になります。

図3-71：トリガーに入力項目を用意する。

やってみましょう。まず、トリガーに入力項目を用意します。「手動でフローをトリガーします」をクリックし、「入力の追加」をクリックして「テキスト」の入力を作りましょう。ラベルには「データを入力」としておきます。

「配列1」に配列を設定する

続いて、1つ目の「変数を初期化する」をクリックして展開表示してください。これは「配列1」の変数に値を設定するものでしたね。これの「値」に記入したデータをすべて削除しましょう。そして動的コンテンツのパネルから「式」を選択し、以下のように式を記入します。

▼リスト3-4

```
split(triggerBody()['text'],',')
```

図3-72：配列に、入力したテキストから配列を作って設定する。

ここでは「split」という関数を使っています。テキストを分割して配列を作るものです。1つ目の引数にtriggerBody()['text']、2つ目に','と指定をしていますね。

　トリガーで入力したテキストをカンマで分割して配列を作ります。それを「配列1」変数に設定するのです。これで、入力したテキストから配列が作成できました。

Apply to eachの「変数の値を増やす」の修正

　続いて、「Apply to each」で行っている作業を修正します。これをクリックして展開表示し、その中にある「変数の値を増やす」をクリックしてください。

　そこにある「値」に記述されていた内容をすべて削除し、動的コンテンツのパネルの「式」から以下のように入力をします。

▼リスト3-5

```
int(items('Apply_to_each'))
```

　items('Apply_to_each')というのは「Apply to each」で取り出される「現在のアイテム」を示す記述です。この「現在のアイテム」のように、アクションから自動生成される動的コンテンツはitems(アクション名)という形で取り出すことができます。

　「Apply to each」で利用している「配列1」の値は、先ほどsplit関数でテキストを分割して作りました。これはテキストを分割するだけなので、配列の値もすべてテキストです。「変数の値を増やす」で値を足し算するには、数の値でなければいけません。

　そこでint関数を使って、items('Apply_to_each')の値を整数にしたものを使うようにしたわけです。

図3-73：「変数の値を増やす」で配列の値を整数に変換して加算する。

動作を確認しよう

　フローを保存して動作を確認しましょう。モバイルアプリでフローを実行すると、データを入力する画面が現れます。

　ここで数値をカンマで区切って記述すれば、その合計と平均を計算して表示します。データを入力して配列として扱えるようになりました！

図3-74：データをカンマで区切って入力すると、その合計と平均を計算する。

Chapter 3

3.5.
オブジェクトの操作

オブジェクトとは?

　配列は多数の値をひとまとめにしたものでした。たくさんの値が保管されていますが、それらは「すべて同じ種類の値」です。例えば数値の配列ならば、すべて数字だけが保管されているわけですね。

　こうした「同じ種類の値がたくさんある」というようなデータの他に、「種類の異なるさまざまな値がひとまとめになっている」というものもあります。例えば個人情報を管理することを考えてみましょう。すると名前、年齢、性別、メールアドレス……といった情報をひとまとめにして扱う必要があります。名前やメールアドレスはテキストですし、年齢は数値ですね。性別は、ひょっとしたら真偽値で設定できるかもしれません。また、「この値は何の値か」もわかるようになっていないと不便です。テキストの値があっても、それは名前なのかメールアドレスなのかわからないのでは困ります。

　こうした、「内容の異なるさまざまな情報」をひとまとめにして扱うときに利用されるのが「オブジェクト」です。

　オブジェクトは配列と同様、内部に多数の値を保管できます。ただし配列と異なり、どんな種類の値でも保管することができます。それぞれの値には名前がつけられており、その値が何の値なのかがわかるようになっています。

　オブジェクトはこれから先、さまざまなサービスのデータを扱うようになると多用されることになります。表面的には「これがオブジェクトだ」とは表示されていなくとも、内部ではオブジェクトとして扱われる値というのは非常に多いのです。ですから「オブジェクトというのはどういうもので、どう扱うのか」ぐらいはここで知っておきたいところです。

新しいフローを用意する

　今回も新しいフローを用意することにしましょう。「マイフロー」の上部にある「新しいフロー」から「インスタントクラウドフロー」メニューを選んでください。現れたパネルで、フローの名前を「値の操作フロー5」とし、トリガーとして「手動でフローをトリガーします」を選択します。

図3-75:新しいフローを作成する。

オブジェクトの変数を作る

実際にオブジェクトを使ってみましょう。まずは変数を作成して、そこにオブジェクトを設定しましょう。

「新しいステップ」をクリックし、現れたパネルから「変数」コネクタの「変数を初期化する」アクションを選んでください。

作成したら、用意された設定項目をそれぞれ以下のように記述していきましょう。

名前	オブジェクト1
種類	オブジェクト

図3-76：「変数を初期化する」アクションを追加する。

種類を「オブジェクト」にすると、オブジェクトの値が設定できます。「値」部分にオブジェクトの内容を記述しましょう。これは以下のように書いてください。

▼リスト3-6

```
{
  "name": "taro",
  "mail": "taro@yamada",
  "age": 39
}
```

これが今回のオブジェクトです。オブジェクトは、このようにテキストとして記述することができます。

オブジェクトの内容

ここで書いたオブジェクトのテキストは、「JSON」と呼ばれる形式で書かれたものです。JSONとは「JavaScript Object Notation」の略で、JavaScriptでオブジェクトを記述するための書き方です。構造を持った複雑なデータをテキストとして記述できるため、今はJavaScriptに限らずさまざまなところで利用されています。

このJSONによるオブジェクトの書き方は以下のようになっています。

```
{
  "キー1": 値1,
  "キー2": 値2,
  ……
}
```

図3-77：変数にオブジェクトを用意する。

オブジェクトに保管する内容は、「キー」と呼ばれるものと値がセットになっています。キーはその値を指定するのに使うもので、要するに「値に設定された名前」のようなものです。

このように、名前を付けた値が多数まとめられてオブジェクトは作られます。オブジェクトそのものは、わりと簡単に用意できるのです。

「JSONの解析」を行う

オブジェクトの中にはたくさんの値が保管されていますが、これはどうやって利用すればいいのでしょうか。「変数を初期化する」で作成されるのは、「オブジェクト1」という変数だけです。その中にどんな値が保管されているのか、この段階ではわかりません。

オブジェクト内の値を利用するには独特の方法を用います。オブジェクトは基本的にJSONデータとして作成されています。オブジェクトを利用するにはこのJSONデータを解析し、そこに保管されている各種の値を取り出せるようにする必要があるのです。

では、「新しいステップ」をクリックしてください。パネルが現れたら「組み込み」の中にある「データ操作」というコネクタを選択します。複雑な構造のデータを扱うための機能がまとめられています。

この中の「JSONの解析」というアクションを選択してください。これが、オブジェクトの値を利用できるようにするためのアクションです。

図3-78：「JSONの解析」アクションを追加する。

「JSONの解析」の仕組み

　このアクションには「コンテンツ」と「スキーマ」という2つの設定項目が用意されています。「コンテンツ」は解析するオブジェクトを設定します。今回は「オブジェクト1」変数を設定すればいいでしょう。

　問題は「スキーマ」です。スキーマとはオブジェクトの構造を記述したものです。つまり、「このオブジェクトにはどういう情報が保管されているか」という内容の定義と考えてください。

　JSONの解析はこのスキーマを元にオブジェクトを解析し、保管されている値をそれぞれ取り出し利用できるようにするのです。

図3-79：「JSONの解析」。コンテンツにはオブジェクトの変数を指定する。

スキーマを生成する

　では、スキーマを記述しましょう。といっても、これは自分で記述する必要はありません。オブジェクトを元に自動生成することができます。

　まず、先ほど「変数を初期化する」アクションで作成した「オブジェクト1」の内容（リスト3-6）をコピーしてください。そして、アクションの「サンプルから生成」ボタンをクリックします。画面に「サンプルJSONペイロードの挿入」というダイアログが現れるので、ここに先ほどコピーしたJSONのコードをペーストし、「完了」ボタンをクリックしてください。

図3-80：JSONのコードをペーストし、「完了」ボタンをクリックする。

　ペーストしたJSONのコードを分析し、スキーマが自動生成されます。これで、「オブジェクト1」の内容が取り出せるようになりました。

図3-81：スキーマが自動生成された。

オブジェクトの内容を表示する

では、JSON解析で得られるオブジェクトの内容を表示してみましょう。「新しいステップ」をクリックし、「通知」コネクタの「モバイル通知を受け取る」アクションを選択してください。

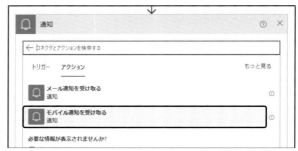

図3-82：通知のアクションを追加する。

作成されたアクションの「テキスト」フィールドに、通知で表示する内容を用意します。今回は以下のように記述をしましょう。

▼リスト3-7

```
私は、[name] （ [age] ）です。
メールアドレスは、[mail] です。
```

[name], [age], [mail]といった項目はすべて動的コンテンツです。これらはパネルの「JSONの解析」というところにまとめられています。JSONの解析により、オブジェクトから取り出された値がこうして変数として利用できるようになっているのです。

図3-83：テキストに表示する内容を記述する。

フローを実行しよう

完成したらフローを保存し、モバイルアプリで実行しましょう。新たに作成した「値の操作フロー5」のボタンをタップすると、「私は、taro（39）です。メールアドレスは、taro@yamadaです。」と通知が表示されます。「オブジェクト1」に保管されている値を取り出して表示されているのがわかりますね。

図3-84：作成したオブジェクトの内容が通知に表示される。

オブジェクト配列について

　オブジェクトは1つだけあってもあまり使うことはないでしょう。それよりも同じ形式のオブジェクトを多数作成し、配列などにまとめてデータベース的に利用することが圧倒的に多いはずです。オブジェクトを使えば、より複雑なデータを配列にまとめることができます。

　実際に試してみましょう。先ほどのフローに用意した「変数を初期化する」アクションをクリックして展開表示してください。種類を「アレイ」に変更し、値を以下のように書き換えます。

▼リスト3-8

```
[
  {
    "name": "taro",
    "mail": "taro@yamada",
    "age": 39
  },
  {
    "name": "hanako",
    "mail": "hanako@flower",
    "age": 28
  },
  {
    "name": "sachiko",
    "mail": "sachiko@jhappy",
    "age": 17
  }
]
```

　なんだか複雑そうに見えますが、[値1, 値2, …]という配列の各値がJSON形式のオブジェクトになっているだけです。ここでは3つのオブジェクトが配列にまとめられています。

　これらのオブジェクトはデータベース的に利用するため、その内容はすべて同じ形式になっている必要があります。今回は、すべてにname, mail, ageの3つのキーを用意してあります。

図3-85：オブジェクト配列を値に設定する。

「JSONの解析」を更新する

「オブジェクト1」を配列に変更したので、「JSONの解析」アクションも合わせて更新しておかなければいけません。

アクションをクリックして展開表示し、「サンプルから生成」をクリックして以下のようにコードを記述しておきましょう。

▼リスト3-9

```
[
  {
    "name": "taro",
    "mail": "taro@yamada",
    "age": 39
  }
]
```

ここでは配列の中に1つだけオブジェクトを用意してあります。スキーマの生成はデータの構造がわかればいいので、配列には1つだけ値を用意しておけばそれで十分です。

図3-86：スキーマを再生成する。

値の入力を追加する

トリガーに値の入力項目を1つ追加します。「手動でフローをトリガーします」をクリックして展開し、「入力の追加」をクリックしてテキストの入力を1つ作成しましょう。タイトルは「名前を入力」としておきます。

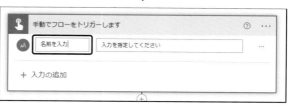

図3-87：テキストの入力を1つ追加する。

「アレイのフィルター処理」を利用する

　ここでは入力された値を使い、オブジェクト配列から特定のオブジェクトだけを取り出し表示させてみましょう。「フィルター処理」というものを使います。

　「JSONの解析」の下にある「＋」をクリックし、「データ操作」コネクタから「アレイのフィルター処理」アクションを選択しましょう。

フィルターの設定を行う

　「アレイのフィルター処理」には「差出人」という項目と、その下に条件を設定するための3つの項目（2つの値を比較するためのものです）が用意されています。それぞれ以下のように設定しましょう。

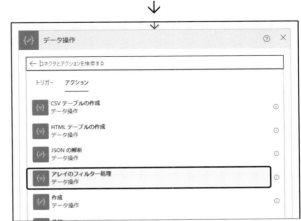

図3-88：「アレイのフィルター処理」を追加する。

差出人	不思議な名前ですが、英語では「From」になっているので、電子メールのFromの日本語訳「差出人」と表示されるようです。ここには対象となる配列を指定します。この配列はJSON解析されたオブジェクト配列を使います。今回は「JSONの解析」にある「本文」という動的コンテンツを使います。「本文」はJSON解析したオブジェクトの本体部分を示す値です。
フィルターの条件設定	その下のフィルター条件は、「name」「次の値に等しい」「名前を入力」の3つを設定しておきます。「name」は「JSONの解析」にある動的コンテンツを使います。これで、オブジェクトのnameの値が入力されたテキストと等しいものだけを取り出します。

図3-89：フィルターの設定を行う。

Apply to eachで繰り返し処理する

「アレイのフィルター処理」は配列の中から条件に合うものだけを取り出すものです。これは「1つだけ」とは限りません。複数のオブジェクトが見つかることだってあります。したがって、これで得られる結果も配列になっています。

配列として得られるものを処理するなら、「Apply to each」でしょう。「アレイのフィルター処理」の下にある「+」をクリックして「アクションの追加」を選び、「コントロール」コネクタから「Apply to each」アクションを選択しましょう。

図3-90：「コントロール」の「Apply to each」を追加する。

「本文」を繰り返し処理する

アクションが追加されたら、繰り返す配列を指定するフィールドに「アレイのフィルター処理」にある「本文」を入力します。同じ名前ですが、「JSONの解析」にある「本文」ではありません。フィルター処理の結果が入っている「本文」を使います。

図3-91：「アレイのフィルター処理」にある「本文」を設定する。

通知を用意する

　繰り返し処理の部分に通知を用意します。下にある「モバイル通知を受け取る」アクションをドラッグして「Apply to each」内に移動して使えばいいでしょう。

図3-92：「モバイル通知を受け取る」を「Apply to each」内に移動する。

　作成したら　「テキスト」フィールドの内容を一度すべて削除し、改めて「アレイのフィルター処理」にある「name」「mail」「age」を使って表示を作成しましょう。前回とはオブジェクト1の変数の内容が変わっているので、そのままでは動作しません。必ず「アレイのフィルター処理」にある変数を使って書き直してください。

図3-93：テキストの表示内容を再度作る。

動作を確認しよう

　すべて完成したらフローを保存し、モバイルアプリから実行して動作をチェックしましょう。まず名前を入力する画面が現れるので、表示したいデータの名前（nameの値）を入力してください。そのデータの内容が表示されます。データが見つからなかった場合は何も表示されません。

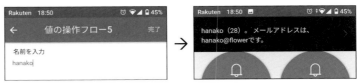

図3-94：名前を入力すると、そのデータが表示される。

オブジェクトは、仕組みをきっちりと

　以上、オブジェクトを利用した簡単な処理について説明をしました。「オブジェクトの値を配列として作成し、それを繰り返し処理したり、フィルター処理したりする」ということができれば、オブジェクトの基本はだいたいわかったと考えていいでしょう。

　おそらく、ここまで説明を読んでも「オブジェクトの便利さがピンとこない」という人は多いはずです。これは仕方がありません。ここで説明したのは、あくまで「サンプル用に用意した簡単なオブジェクト」の使い方です。

　実際にさまざまなサービスを利用するようになると、もっと複雑で具体的なオブジェクトが登場します。そのとき、「いったい、これは何だ？」と慌ててパニックになってしまっては困ります。「オブジェクトとは何か、どういうもので、どう使われるのか」といった基本がわかっていれば、いきなり複雑なものが登場しても、「難しそうだけど、これはたくさんの値を保管しているオブジェクトなんだ。だからオブジェクトの使い方のとおりに利用すればいいんだ」とわかります。

　ここでの説明は「オブジェクトの学習」というより、「オブジェクトが出てきても慌てないための準備」と考えておきましょう。

Chapter 4

スプレッドシートを利用する

Webベースで利用できるスプレッドシートの代表とも言えるのが、
「Excel Online」と「Googleスプレッドシート」でしょう。
この2つのサービスをPower Automateから利用する基本について説明します。

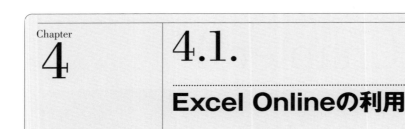

Chapter 4

4.1.

Excel Onlineの利用

新しいフローを用意する

　Chapter 3までで、値や制御に関する基本的な知識はひと通り身につきました。これより先はWebのサービスに接続して操作する、Power Automate本来の働きについて説明していきましょう。

　まずはスプレッドシート関係からです。データを扱う際の基本となるものです。このスプレッドシートは以前ならばPCのアプリとして提供されていましたが、今ではWebアプリとしても利用できるようになりました。こうした「Web版のスプレッドシート」の利用から説明をしていくことにします。

フローを作成する

　説明に入る前に、フローを1つ用意しておきましょう。「マイフロー」を選択し、上部の「新しいフロー」をクリックして「インスタントクラウドフロー」メニューを選んでください。

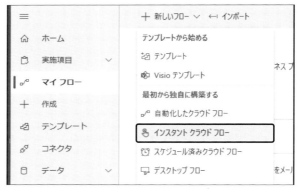

図4-1：新しいインスタントクラウドフローを作成する。

　画面にパネルが現れたら、フロー名を「スプレッドシートフロー 1」としておきます。トリガーは「手動でフローをトリガーします」を選択しておきます。これで「作成」ボタンをクリックしてフローを作りましょう。

図4-2：「スプレッドシートフロー 1」を作成する。

　トリガーだけのフローが用意できました。これに必要なアクションを追加して、いろいろとスプレッドシートの機能を試していくことにしましょう。

図4-3：作成されたフロー。

Excel Onlineを利用する

　スプレッドシートの代表といえば、なんといってもMicrosoft Excelです。このExcelも、現在はWeb版（Excel Online）が存在します。すでにMicrosoftのアカウントを持っている皆さんならば、今すぐ無料で使うことができます。以下にアクセスしましょう。

https://www.office.com/

図4-4：Officeホームにアクセスする。

　これは「Microsoft Officeホーム」というWebサイトで、Micfosoft OfficeのWebベースアプリのファイルを作成し管理するところです。ここから必要に応じてOffice関連のWebアプリを起動し利用します。

　では、Excelのファイル（ワークブック）を作成しましょう。左端に縦一列に表示されているアイコンの上から2番目（「＋」のアイコン）をクリックしてください。Office関連のファイルを作成するメニューがポップアップして現れるので、ここから「スプレッドシート」を選択しましょう。

図4-5：「作成」アイコンから「スプレッドシート」を選ぶ。

Excel Onlineを使う

　新しいExcelのワークブックが開かれ、Web版のExcelである「Excel Online」の画面が現れます。見ればわかるように、これはまさにExcelをそのままWebブラウザの中に持ってきたものです。基本的な使い方は通常のPC版Excelとほぼ同じです。ただし、すべての機能が実装されているわけではないため多少違いはありますが、基本的な機能はだいたい同じと考えていいでしょう。

図4-6：Excel Onlineで開かれたワークブック。

　新しいワークブックが開かれたら、ファイル名を設定しておきましょう。上部左側の「Excel -OneDriveに保存完了」と表示された部分をクリックしてください。ファイル名を入力するパネルがポップアップして現れるので、「サンプルブック」と入力しておきます。このファイルはOneDriveに保存されます。

図4-7：ファイル名を「サンプルブック」としておく。

Excelの2つのコネクタ

　このExcel OnlineをPower Automateから利用していくのですが、利用の前に、1つ頭に入れておいてほしいことがあります。それは、「Excel Onlineを利用するためのコネクタは2種類ある」という点です。

　これはExcelに限らず、Microsoftが提供するMicrosoft 365関連の機能全般に言えることですが、Office関連のWebアプリは「個人用」と「ビジネス用」の2つに分かれています。個人用は基本的に無料で利用できるようになっており、Excel Onlineも無料でアクセスし使えます。ただし有料版に比べると、機能などで制限があります。

　ビジネス用は業務で利用する有料のビジネス契約向けのもので、個人用の無料版に比べると利用できる機能が増えています。Power AutomateでExcel Onlineを使う場合、以下の2つのコネクタを利用することになります。

Excel Online (Business)	業務でMicrosoft 365を有料のビジネスライセンスで契約しているユーザー向けのものです。
Excel Online (OneDrive)	個人で使っている無料契約ユーザー向けのものです。

　基本的な機能はだいたい同じですが、Business版ではOneDrive版に比べていくつかの機能が追加されています（OfficeスクリプトというBusiness版にのみ用意されているマクロ機能に関するものです）。それ以外は同じですので、普段利用する分にはどちらでもそれほど大きな違いはないでしょう。

　なお、ここでは無料版（OneDrive版）をベースに説明をしていきます。

図4-8：Excel Online (OneDrive)のコネクタ。基本的な機能はすべて揃っている。

図4-9：Excel Online (Business)のコネクタ。スクリプトの実行アクションが増えている。

ワークシートを取得する

　ではExcel Onlineにアクセスしましょう。まずはワークシートの取得を行ってみます。Power Automateでフローの編集画面にある「新しいステップ」をクリックしてください。コネクタとアクションを選択するパネルが現れたら、上部の検索フィールドに「excel」と入力しましょう。Excel Onlineのコネクタがすぐに見つかります。この中から「Excel Online」のアイコンをクリックしてください。ビジネス用の有料アカウントの人は「Excel Online(Business)」を、それ以外の人は「Excel Online(OneDrive)」を選んでください。くれぐれも間違えないように！

　なお、ここでは「Excel Online(OneDrive)」をベースに説明をしていきます。

図4-10：「ExcelOnline(OneDrive)」コネクタを選択する。

画面にExcel Onlineのアクションがリスト表示されます。この中から「ワークシートの取得」というアクションを選択しましょう。これが、ワークブック内にあるワークシートを取り出すアクションです。

図4-11：「ワークシートの取得」アクションを選ぶ。

Excel Onlineへのサインイン

配置された「ワークシートの取得」アクションには、「Excel Online(OneDrive)への接続を作成するには、サインインしてください。」とメッセージが表示されているはずです。Excel Onlineという外部のサービスを利用する場合、Power Automateからそのサービスにアクセスできるようサインインしておく必要があるためです。

アクションに表示されている「サインイン」ボタンをクリックして、サインインを行いましょう。

図4-12：アクションにある「サインイン」ボタンをクリックする。

アカウントを選択する

すでにいくつかのMicrosoftアカウントを使っている場合は新しいウインドウが開かれ、どのアカウントでサインインすするかを尋ねてきます。ここでサインインに使うアカウントを選択します。

Power Automateで使っているアカウントだけしか所有していない場合は、自動的にそのアカウントが選択されます。

図4-13：アカウントを選択する。

アクセスの許可

　画面に「このアプリがあなたの情報にアクセスすることを許可します
か？」という確認のウインドウが現れます。ここでアクセスする内
容を確認し、「はい」ボタンをクリックして許可してください。これで
Excel Onlineの接続が使えるようになります。

図4-14：アクセスの許可を行う。

ファイルの選択を行う

　アクセスが許可されると、「ワークシート
の取得」アクションにファイルを指定するた
めの項目が現れます。ここで使用するワーク
ブックファイルを設定します。

図4-15：「ワークシートの取得」にファイルの選択が現れる。

　入力フィールドの右端にあるフォルダーのアイコンをクリックすると、Excel Onlineにあるフォルダー
やファイルがリスト表示されるので、先ほど作成したワークブックファイル（「サンプルブック.xlsx」ファ
イル）を選択します。これで、選んだファイルがアクションの「ファイル」に設定されます。

図4-16：ワークブックファイルを選ぶと、それが「ファイル」に設定される。

「Apply to each」でワークシートを処理

取得されたワークシートを利用する処理を作ってみましょう。ごく簡単なものとして、ワークシートの名前などを表示する処理を作ってみます。

「新しいステップ」をクリックしてアクションを選択するパネルを呼び出し、「コントロール」コネクタから「Apply to each」アクションを選択します。これは、配列の各値について処理を行うものでしたね。

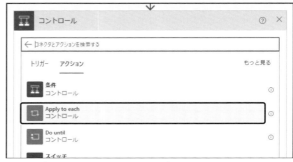

図4-17：「Apply to each」アクションを追加する。

valueを設定する

作成された「Apply to each」の「以前の手順から出力を選択」という入力フィールドをクリックし、動的コンテンツのパネルから「ワークシートの取得」にある「value」という項目を選択して入力します。このvalueは「ワークシートの取得」で得られたワークシートのオブジェクトの配列です。ワークブックにはワークシートを複数用意できるので、得られるvalueの値は配列になっているのです。

図4-18：valueをフィールドに設定する。

通知を表示する

「Apply to each」内にある「アクションを追加」をクリックし、ワークシートの情報を表示させましょう。「通知」コネクタから「モバイル通知を受け取る」を選びます。

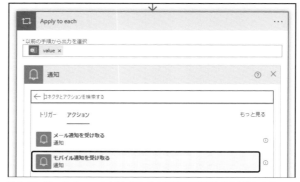

図4-19：「Apply to each」内に「モバイル通知を受け取る」を追加する。

作成されたアクションの「テキスト」フィールドに、動的コンテンツのパネルから「名前」「ID」といった動的コンテンツを選択して入力しましょう。

図4-20：テキストに「名前」「ID」といった動的コンテンツを設定する。

通知を確認する

作成したらフローを保存し、実行してみましょう。通知で「Sheet1」という名前と、「{00000000-0001-0000-0000-000000000000}」といったIDが表示されるのがわかるでしょう。シートが複数あった場合は、それらが1つずつ通知で表示されます（ただし、通知の表示には時間がかかるため、複数を連続して送ると2つ目以降が表示されずに終わることがあります）。

図4-21：通知によりワークシート名とIDが表示される。

ワークシートの値について

ここでは動的コンテンツのパネルに「ワークシートの取得」というアクション項目が用意され、アクションで得られる値が表示されます。このアクションでは以下のようなものが動的コンテンツとして取り出されます。

ID	ワークシートに自動的に割り当てられるID
名前	ワークシートの名前
表示対象	表示するかどうかを示す真偽値
位置	表示位置の値
項目	個々のワークシート
body	アクションで得られる全体の値
value	ワークシートの配列

これらのうちbodyとvalueは「ワークシートの取得」でワークシート全体から得られる値です。それ以外のものは取得した個々のワークシートの値であり、「Apply to each」を使ってvalueから1つ1つのワークシートを取得した際に利用できるものです。

図4-22：ワークシートに用意されている動的コンテンツ。

テーブルを作成する

Excel Onlineのコネクタにはワークシート内のデータを操作するためのアクションがいろいろと揃っています。ただしこれらを利用する前に、頭に入れておいてほしいことがあります。それは「Power Automateにより、ワークシートのすべてを自由に操作できるわけではない」という点です。

Excel OnlineではPower Automateだけでなく、外部からアクセスして処理を実行する機能いくつかに対応しています（Power Appsなど）。こうしたものに共通しているのは、「データを操作できるのは、テーブルのみ」という点です。

Excelではワークシート内に「テーブル」と呼ばれるものを設定することができます。テーブルはワークシート内に区画を指定し、その中にあるデータを扱えるようにしたもので、グラフの作成やデータの管理をより便利に行えるようにしてくれます。

Power AutomateでExcel Onlineのデータを扱う場合、操作するデータがテーブルとして用意されていなければいけません。テーブルになっていないデータを操作することはできないのです。ただし、Power Automateには「テーブルを作成するアクション」も用意されています。ですからデータを操作したい場合は、まず操作する範囲にテーブルを作成し、それからそのテーブルを操作すればいいわけです。

アクションを削除する

では、テーブルを作成する処理を用意しましょう。先ほど作成したフローを修正してまた使うことにします。「ワークシートの取得」「Apply to each」の2つのアクションを、「…」から「削除」メニューを選んで削除しておきましょう。

図4-23：2つのアクションを削除しておく。

「テーブルの作成」を追加する

テーブルを作成しましょう。「新しいステップ」をクリックし、現れたパネルから「Excel Online」コネクタを選択します（ビジネスアカウントの人は「Business」版を、それ以外の人は「OneDrive」版を選択します）。そして、アクションのリストから「テーブルの作成」を選択します。

図4-24：「Excel Online」コネクタから「テーブルの作成」アクションを選ぶ。

テーブルの設定を行う

アクションには、作成するテーブルに関する設定項目が用意されています。それぞれ以下のように設定を行ってください。

ファイル	テーブルを作成するワークブックを指定します。フォルダーアイコンをクリックし、作成したワークブックファイル（サンプルブック.xlsx）を選択します。
表の範囲	テーブルの範囲を指定します。「A1:D1」と入力します。これでA1 ～ D1までの横4列の範囲が指定されます。
テーブル名	テーブルの名前です。ここでは「個人情報」と入力しておきます。
列名	テーブルの各列に設定する名前を指定します。「名前;メール;年齢;性別」と入力しておきます。列名は、このように各名前をセミコロン（カンマでも可）でつなげて記述します。

図4-25：テーブルの設定を行う。

フローを実行する

　作成したフローを保存し、実行しましょう。実行しても特に結果などは表示されませんが、ワークブックにテーブルが作成されているはずです。

　フローを実行したら、「サンプルブック」ワークブックを開いてください。すると、最初のワークシートのA1からD1の4列の範囲にテーブルが作成されているのがわかります。各列には、それぞれ「名前」「メール」「年齢」「性別」と列名が設定されているでしょう。「テーブルの作成」の設定通りにテーブルが作られていることがわかります。

図4-26：ワークブックにテーブルが作成されている。

テーブルにレコードを作成する

　作成したテーブルにレコード（行単位で記録されるデータ）を作成するフローを作りましょう。まず、作成した「テーブルの作成」アクションを削除しておきます。フローの編集画面で「テーブルの作成」アクションの「…」をクリックし、現れた「削除」メニューで削除をしてください。

図4-27：「テーブルの作成」アクションを削除する。

入力項目を用意する

　レコードの入力には、当たり前ですがレコードに保存する値をどこかで用意しなければいけません。ここではトリガーに入力の項目を用意して使うことにしましょう。

　トリガーである「手動でフローをトリガーします」をクリックして展開表示します。そして「入力の追加」を使って入力の項目を作成していきましょう。今回は以下の4つの項目を作成します。

・1つ目

種類	テキスト
タイトル	名前

・2つ目

種類	テキスト
タイトル	メール

・3つ目

種類	数
タイトル	年齢

・4つ目

種類	はい／いいえ
タイトル	性別

ここではテキスト、数、はい/いいえといった3種類の値を入力するようにしておきました。これらの入力値をそのままレコードとして保存しましょう。性別は「はい/いいえ」のどちらかで指定します。それぞれでどちらが男でどちらが女か決めて入力するようにしましょう。

図4-28：トリガーに4つの入力項目を用意する。

「表に行を追加」アクション

レコードを作成する処理を用意しましょう。テーブルへのレコードの追加は、Excel Online (OneDrive)の「表に行を追加」というアクションで行います。

「新しいステップ」をクリックし、現れたパネルから「Excel Online」コネクタを選びます。リストから「表に行を追加」アクションを探して選択してください。

図4-29：Excel Onlineから「表に行を追加」アクションを追加する。

作成されたアクションには、「ファイル」と「テーブル」という2つの項目だけが用意されています。入力するレコードの値などはありません。入力項目が用意されていないわけではなくて、ファイルとテーブルを選択すると、そのテーブルの内容を元に入力項目が用意されるようになっているためです。

図4-30：作成された「表に行を追加」アクション。

ファイルとテーブルを選択

　ファイルとテーブルを選択しましょう。まず「ファイル」のフォルダーアイコンをクリックし、現れたリストから「サンプルブック.xlsx」ファイルを選んでください。

　続いて「テーブル」を
クリックすると、項目
がプルダウンして表示
されます。その中に「個
人情報」という項目が用
意されています。先ほ
ど作成した「個人情報」
テーブルです。これを
選んでください。

図4-31：ファイルとテーブルを選択する。

項目に値を設定する

　テーブルを指定すると、その下にテーブルの各列のフィールドが表示されます。これらのフィールドに値を指定します。ここでは各列に、列名と同じ名前の動的コンテンツを用意してください。

図4-32：列の値に同じ名前の動的コンテンツを用意する。

実行して動作を確認

　フローを保存し、実行してみましょう。今回はPCから実行しても
モバイルアプリからでもかまいません。

　実行すると、値を入力する表示が現れます。ここで名前・メールア
ドレス・年齢・性別のチェックといったものを指定していきます。そ
れらを記入し送信すれば、その内容がテーブルに追加されます。

図4-33：入力項目に記入して送信する。

　何度か実行していくつかのレコードを追加したら、Excel Onlineでワークブックを開き、表示を確認しましょう。「個人情報」テーブルに、送信した内容が保存されているのが確認できるでしょう。

　これで、スマートフォンやPCからいつでもExcelのテーブルに送信しレコードを追加できるようになりました。レコードをデータベース的に扱うことができるようになります。

	A	B	C	D	E
1	名前	メール	年齢	性別	
2	山田太郎	taro@yamada	39	FALSE	
3	田中花子	hanako@flower	28	TRUE	
4	佐藤幸子	sachiko@happy	17	TRUE	
5	高橋ジロー	jiro@change	6	FALSE	
6					
7					

図4-34：テーブルに送信内容が保存されている。

テーブルからレコードを検索する

　Excelをデータベースのように利用したい場合、レコードを作成するだけでなく、必要に応じていつでもレコードを検索し取り出せるようにしなければいけません。これもPower Automateから行えます。

　「マイフロー」を選択し、上部の「新しいフロー」から「インスタントクラウドフロー」メニューを選んで新しいフローを作りましょう。名前は「スプレッドシートフロー2」としておきます。トリガーは「手動でフローをトリガーします」を選んでください。

図4-35：「スプレッドシートフロー2」フローを作成する。

入力項目の用意

　フローが作成されたら、「手動でフローをトリガーします」トリガーをクリックして展開表示します。そして「入力の追加」をクリックし、入力の項目を用意します。種類は「テキスト」を指定し、タイトルに「名前を入力」と記入しておきましょう。ここで入力した値を使ってレコードを検索します。

図4-36：入力項目を用意する。

「行の取得」を追加する

続いて、行を検索するためのアクションを
用意します。「新しいステップ」をクリックし、
パネルからExcel Online(OneDrive)の「行
の取得」アクションを選択しましょう。レコー
ドを検索するためのアクションです。

図4-37:「行の取得」アクションを追加する。

追加された「行の取得」アクションには、全部で4つの設定項目が用意されています。これらはそれぞれ
以下のような役割を果たしています。

ファイル	対象となるワークブックファイル。
テーブル	対象となるテーブル。
キー列	検索する列の指定。
キー値	検索するテキストの指定。

この「行の取得」はテーブルの停止した列から検索テキストと同じレコードを探して、そのデータを取得
します。

図4-38:「行の取得」に用意されている設定項目。

「行の取得」を設定する

「行の取得」の設定を行いましょう。これらは上にある項目から順に設定していってください。

ファイル	サンプルブック.xlsx
テーブル	個人情報
キー列	名前
キー値	[名前を入力]（動的コンテンツ）

　キー列には、トリガーに用意した入力項目「名前を入力」を設定します。これで、入力したテキストで名前を検索するようになりました。

図4-39：各項目に設定をする。

通知を追加する

　取得したレコードの内容を通知で表示しましょう。「新しいステップ」をクリックし、現れたパネルから「通知」コネクタから「モバイル通知を受け取る」アクションを追加します。

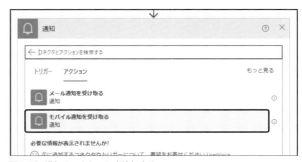

図4-40：通知のアクションを追加する。

真偽値のテキストを処理する

　追加したアクションの「テキスト」フィールドに、動的コンテンツから「名前」「メール」「年齢」「性別」の値を追加していきます。

　ただし「性別」に関しては、このままでは「はい/いいえ」の値が表示されるだけなので、式を使って「男性」「女性」に表示が変わるようにしましょう。動的コンテンツのパネルを「式」に切り替え、以下のように式を入力してください。

▼リスト4-1
```
If(equals(toUpper(outputs('行の取得')?['body/性別']),'TRUE'),'女性','男性')
```

　なお、ここでは入力項目がデフォルトのま
ま（OFFの状態）ならば男性、ONに変更した
ら女性として表示されるようにしてあります。
逆に入力していた場合は、式の'女性'と'男性'
を入れ替えてください。

図4-41：テキストに動的コンテンツと式を入力していく。

アクションで得られる値の取得

　ここでは「行の取得」アクションで得られたレコードから「性別」の値がTRUEかどうかチェックし、それ
に応じて「女性」「男性」のいずれかのテキストを表示するようにしています。これにはまず「行の取得」アク
ションで得られた値から「性別」の値を取り出さないといけません。以下のように記述をしています。

```
outputs(' 行の取得 ')?['body/ 性別 ']
```

　outputsという関数は、フローの実行により出力された情報を指定するものです。わかりやすく言えば、
「アクションで得られた情報」を指定するものと考えてください。outputs('行の取得')は、すなわち「行の取得」
アクションで得られた情報を示すものになります。得られる値はオブジェクトの形になっています。その後
に['body/性別']と付けることで、body内の「性別」の値が指定されます。bodyはアクションの実行で得
られる元のオブジェクトで、その中の「性別」の値をこれで指定できます。

　なお、outputs関数の後に？記号が付いていますが、これは「値が存在したら」ということを意味します。
outputsは、必ずしも値が得られるとは限りません。それで？を付けて、「値が得られたら['body/性別']の
値を取り出す」というように指定しているのです。値がなければもちろんエラーになり、['body/性別']の
値は取り出されません。

if関数について

　こうして性別の値が得られたら、それをequals関数でtrueかどうかチェックし、それに応じた値が得ら
れるようにしています。これを行っているのが「if」という関数です。以下のように記述します。

```
if( チェックする式 , true 時の値 , false 時の値 )
```

　1つ目の引数にチェックする式を指定します。この式の結果がTRUE（「はい」に相当する値）ならば2番
目の値を取り出し、FALSE（「いいえ」に相当する値）ならば3番目の値を取り出します。つまり、式の結
果がTRUEかFALSEかによって異なる値が得られるようになっているのですね。

ただし、注意が必要なのは「TRUEは、必ずしもTRUEという値になっているわけではない」という点です。

TRUEとFALSEという値はテキストではなくて、「真偽値」という特別な値です。しかし、スプレッドシートにはテキストとして値が書き出されています。真偽値をテキストにして書き出す処理では、その値が「TRUE」だったり「true」だったり「True」だったりすることがあるのです。

そこでこの式では、取り出した値を「toUpper」という関数ですべて大文字にして比較しています。つまり、こういうことですね。

```
equals(toUpper(○○),'TRUE')
```

これで、取り出した値がtrueでもTRUEでもTrueでもすべて「TRUE」に変換され、「TRUEかどうか」を正しくチェックできるようになります。

並列分岐でエラー通知を作る

これで「名前を検索して表示する」という処理はできました。が、実は完成ではありません。このままだと入力した名前のレコードが見つからないとエラーになり、何も起こりません。エラーになった場合は、「見つかりませんでした」といったメッセージを表示するようにしましょう。

これには「並列分岐」という機能を使います。並列分岐とは、実行している処理と並行して別の処理を用意する機能のことです。これにより、同時に複数の処理を作成することができるようになります。

これは通常、並行して複数の処理を実行させるのに使いますが、同時に「エラーのときはこっちの処理を実行する」というように通常時とエラー時の処理をそれぞれ用意するのにも利用できます。

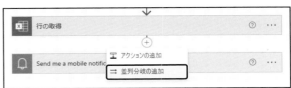

図4-42：「並列分岐」メニューを選ぶ。

ではやってみましょう。「行の取得」アクションの下にある「＋」をクリックし、現れたメニューから「並列分岐」を選んでください。

通知を追加する

すでにある通知の「モバイル通知を受け取る」のアクションにつながっている処理とは別に、新しい処理の流れが作成されます。そのままアクションを選択するようになっているので、「通知」コネクタの「モバイル通知を受け取る」アクションを選びます。

図4-43：並列分岐に通知を追加する。

　作成したアクションの「テキスト」フィールドに「レコードは見つかりませんでした」と記入しておきます。これがエラー時に実行される処理になります。

図4-44：アクションのテキストにメッセージを記入する。

実行条件の構成を設定

　続いて、作成されたアクションがどのような条件のときに実行されるかを設定します。エラー時に実行する「モバイル通知を受け取る 2」アクションの「…」をクリックし、現れたメニューから「実行条件の構成」を選んでください。

図4-45：「実行条件の構成」メニューを選ぶ。

失敗時に実行する

　アクションの表示が変わり、実行されるタイミングを表すチェックボックスが表示されます。この中の「に成功しました」のチェックをOFFにし、「に失敗しました」のチェックをONにします。これで、手前のアクション（「行の取得」）が実行に失敗したときにこのアクションが実行されるようになります。

　変更したら、「完了」ボタンをクリックして設定を完了してください。

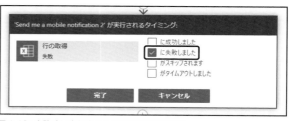

図4-46：失敗時に実行するように設定を変更する。

動作をチェックする

　フローを保存して動作をチェックしましょう。実行したら、検索したいレコードの名前を記入してください。これで、その名前のレコードが見つかれば、名前・メールアドレス・年齢・性別といった情報が通知で表示されます。

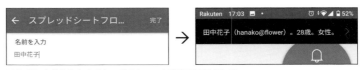

図4-47：名前を入力すると、そのレコード情報が表示される。

　入力した名前のレコードが見つからなかった場合は、「レコードは見つかりませんでした」というメッセージが表示されます。並列分岐のエラー時の処理が実行されているのが確認できるでしょう。

図4-48：レコードが見つからなかったらエラーメッセージが表示される。

レコードの更新と削除

　Excel Onlineには、この他に「行の更新」「行の削除」といったアクションも用意されています。これらについても簡単に説明しておきましょう。

「行の更新」アクション

　「行の更新」アクションは指定したレコード（行）の値を別の値に書き換えるものです。アクションにはワークブックのファイル、テーブル、検索する列名と検索する値をそれぞれ用意します。これにより、指定されたテーブルから更新するレコードを検索します。

　これらの項目を設定すると、そのレコードに設定する値を入力するフィールドが現れます。ここに新たに設定する値の内容を記述すれば、検索されたレコードの値が入力値に更新されます。

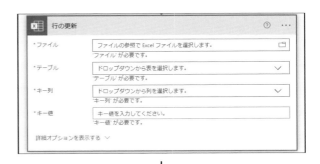

図4-49：「行の更新」アクション。更新するレコードを指定すると、新たに値を設定するための項目が現れる。

「行の削除」アクション

「行の削除」アクションは、基本的な使い方は「行の取得」とほぼ同じです。ワークブックのファイル、テーブル、検索する列名と検索する値といった項目が用意されます。これらを指定することで、指定テーブルから指定のレコードを検索し、それを削除します。

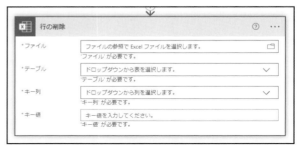

図4-50：「行の削除」アクション。削除するレコードを検索するための設定を用意する。

「表内に存在する行を一覧表示」アクション

レコードの取得は「行の取得」で行えますが、これとは別に「テーブルにあるすべてのレコードをまとめて取り出す」というアクションも用意されています。それが「表内に存在する行を一覧表示」です。

このアクションには「ファイル」と「テーブル」の設定項目が用意されています。これらで指定されたテーブルのレコードを配列にまとめて取り出します。全レコードを処理したいときに役立つものなので、併せて覚えておきましょう。

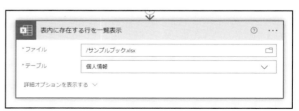

図4-51：「表内に存在する行を一覧表示」アクション。すべてのレコードを配列として取り出す。

Excelをデータベースとして使う

これらも使えるようになれば、レコードの作成・検索・更新・削除といったデータベースの基本機能が一通り揃います。

Excelというと表計算ソフトというイメージが強いのですが、Power Automateから利用する限りでは、むしろ「簡易データベース」としての利用が中心になります。まずはレコードの基本的な操作を一通り覚え、テーブルのレコードを自由に扱えるようになりましょう。

Chapter
4

4.2.

Googleスプレッドシートを利用する

Googleスプレッドシートについて

　Webベースで利用できるスプレッドシートは、Excel Onlineの他に「Googleスプレッドシート」もあります。「Webで利用する」という点でいえば、こちらのほうが有名でかつ利用者も多いでしょう。Googleのビジネススイートは、MicrosoftのOfficeのようにスタンドアロンなアプリケーションを作っていません（スマホのアプリはありますが、パソコンのネイティブアプリはありません）。すべてWebベースで提供されていますから、「仕事でGoogleを利用している」という人は必然的に「すべてWebベースで使っている」ということになります。このGoogleスプレッドシートもPower Automateから利用することができます。

　実際に試してみましょう。GoogleスプレッドシートのWebサイト（https://docs.google.com/spreadsheets?hl=ja）にアクセスしてください。

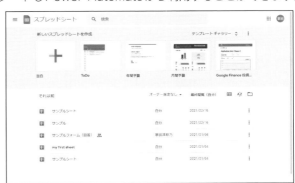

図4-52：GoogleスプレッドシートのWebサイト。ここでスプレッドシートのファイルを作成する。

　Googleのアカウントでログインしていれば、アクセスすると自動的にそのアカウントのGoogleスプレッドシート画面が現れます。

　スプレッドシートが現れたら、最上部の名前部分をクリックして「サンプルシート１」と名前を付けておきましょう。

図4-53：スプレッドシートを開き、「サンプルシート１」と名前を付けておく。

「Googleスプレッドシート」コネクタの利用

まずは、ファイルに用意されているワークシートを取得することから行いましょう。Googleスプレッド
シートもファイルの中に複数のワークシートが用意され、それぞれにデータが記述されます。ですから、ワー
クシートの扱いから行いましょう。

新しいフローを作る

新しいフローを作成します。「マイフロー」
に表示を切り替え、上部の「新しいフロー」
から「インスタントクラウドフロー」メニュー
を選びます。フローの名前は「スプレッドシー
トフロー3」としておき、トリガーには「手動
でフローをトリガーします」を選択して作成
してください。

図4-54：新しいフローを作成する。

「Googleスプレッドシート」コネクタ

フローができたら「新しいステップ」をク
リックし、アクションを追加しましょう。現
れたパネルの検索フィールドに「google」と
入力してください。これでGoogle関連のコ
ネクタが検索れます。その中から「Google
スプレッドシート」というコネクタを探して
選択してください。

図4-55：「Googleスプレッドシート」コネクタを選択する。

「シートを取得します」アクションを追加

Googleスプレッドシートに用意されてい
るアクションのリストが現れます。この中か
ら「シートを取得します」というアクション
を選択してください。ファイルに用意されて
いるワークシートを取り出すためのものです。

図4-56：「シートを取得します」アクションを選ぶ。

サインインする

　作成されたアクションには「Googleスプレッドシートへの接続を作成するには、サインインしてください」とメッセージが表示されています。その下にある「サインイン」ボタンをクリックしてください。

図4-57：アクションにある「サインイン」をクリックする。

　画面にGoogleアカウントを選択するウインドウが現れます。ここから利用するGoogleアカウントをクリックして選択してください。

図4-58：アカウントを選択する。

　「Microsoft Power PlatformがGoogleアカウントへのアクセスをリクエストしています」と表示されたウインドウが開かれます。アクセス内容に目を通し、下の「許可」ボタンをクリックしてアクセスを許可してください。

図4-59：アカウントへのアクセスを許可する。

ワークシートを取得する

　これで配置された「シートを取得します」アクションが使える状態になります。このアクションにはファイルを選択する項目が1つだけ用意されています。

　入力フィールドの右端にあるフォルダーのアイコンをクリックすると、「GoogleDrive」という項目が表示されます。右側にある「>」を選択するとGoogleスプレッドシートのフォルダーとファイルがリスト表示されるので、リストから「サンプルシート1」を選択します。

図4-60：フォルダーアイコンをクリックし、作成したファイルを選ぶ。

「Apply to each」で繰り返す

　「シートを取得します」で得られるのは、ワークシートのオブジェクトの配列です。したがってワークシートの情報を利用する際は、配列から順に値を取り出して処理する「Apply to each」アクションが必要です。

　「新しいステップ」をクリックし、「コントロール」コネクタの「Apply to each」アクションを選択してください。

図4-61：「Apply to each」アクションを追加する。

　アクションの「以前の手順から出力を選択」フィールドをクリックし、動的コンテンツのパネルから「シートを取得します」というところにある「テーブルの一覧 value」という値をクリックして設定します。似たようなものに「テーブルの一覧」というのもありますが、こちらは使わないでください。

　「テーブルの一覧」は「シートを取得します」で得られたオブジェクトで、「テーブルの一覧 value」がワークシートのオブジェクトを配列にまとめた値になります。なぜかアクションの名前は「テーブルの〜」となっていますが、これは基本的にテーブルではなく、ワークシートのことと考えてください。

図4-62：「テーブルの一覧 value」を値に設定する。

※Googleスプレッドシートでは Excel Online のようにテーブルだけが操作できるわけではなく、ワークシート全体を操作できます。Excel Online のアクションに揃えたためか、ワークシートをテーブルと表記しているようです。

通知を追加する

　では繰り返し実行する処理として、ワークシートの名前を表示する通知を用意しましょう。「Apply to each」内にある「アクションの追加」をクリックし、「通知」コネクタの「モバイル通知を受け取る」アクションを選択します。

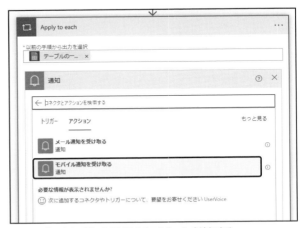

図4-63：「モバイル通知を受け取る」アクションを追加する。

　「テキスト」フィールドに、動的コンテンツから「テーブルの一覧 テーブル 表示名」という項目を挿入します。繰り返しで取り出されたテーブル（ワークシート）のオブジェクトからワークシートの名前を取り出すものです。これでワークシート名を通知で表示させます。

なお、似たようなものに「テーブルの一覧 テーブル 名前」というものもありますが、こちらは画面に表示されている名前とは別のものです。

図4-64：動的コンテンツから値を選択する。

フローを実行する

　フローを保存してから実行をしましょう。モバイルアプリではなく、PCのWeb画面から「テスト」で実行してもかまいません。実行後、「Apply to each」内の「モバイル通知を受け取る」アクションを展開して入力の内容を確認してみましょう。このテキストにワークシートの名前が表示されます。

　複数のワークシートがあった場合は「Apply to each」の表示を移動できますから、それで2回目、3回目……と繰り返し回数を移動していくと、その回数のときの表示内容を確認できます。用意されたワークシートの名前が1つ1つ取り出され表示されていくのがわかるでしょう。

　ワークシートに用意されているのは、これら名前に関するものだけです。それ以外の機能は特に用意されていないため、実用として使うことはあまりないかもしれません。

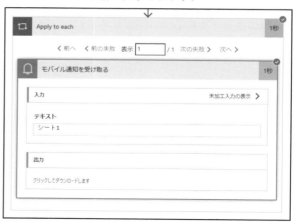

図4-65：実行結果のアクション内容を確認する。

シートにレコードを追加する

　スプレッドシート操作の基本はExcel Onlineで行ったのと同じく、「レコードの操作」でしょう。Googleスプレッドシートの場合、特にテーブルを作成する必要はありません。ワークシートに直接データを記述したりできます。ただし、そのためにはシートの冒頭に列を用意しておく必要があります。

　ではGoogleスプレッドシートを開き、作成した「サンプルシート1」のワークシートの1行目に、以下のように値を記述しましょう。

名前	メール	年齢	性別		

Excel Onlineのテーブルに用意したのと同じものですね。Googleスプレッドシートの場合、テーブルを作成する必要はありません。ワークシートの最上行にこのように各列の名前を入力しておけば、それが自動的にデータを入力する項目として扱われます。

図4-66：Googleスプレッドシートの最上行に列名を記入する。

不要なアクションを削除する

Power Automateに戻り、先ほど作成したフローから使わないアクションを削除しましょう。「シートを取得します」と「Apply to each」の「…」をクリックして「削除」メニューを選び、これら2つのアクションを削除してください。

図4-67：「…」から「削除」メニューを選んでアクションを削除する。

入力項目の追加

トリガーに入力項目を用意しましょう。「手動でフローをトリガーします」をクリックして展開表示し、「入力の追加」を使って以下のように項目を追加しましょう。

・1つ目

種類	テキスト
タイトル	名前

・2つ目

種類	テキスト
タイトル	メール

・3つ目

種類	数
タイトル	年齢

・4つ目

種類	はい/いいえ
タイトル	性別

見ればわかるように、Excel Onlineでレコードを追加するフローを作成した際に用意した入力項目と同じものです。

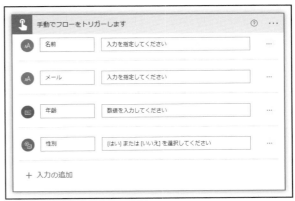

図4-68：トリガーに入力項目を追加する。

「行の挿入」アクションの利用

アクションを追加しましょう。「新しいステップ」をクリックし、「google」で検索して「Googleスプレッドシート」コネクタを探して選択します。その中にある「行の挿入」というアクションを選択してください。これがレコードを追加するためのアクションです。

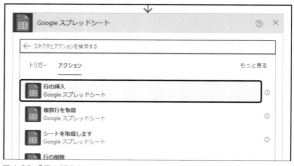

図4-69：「行の挿入」アクションを追加する。

「行の挿入」を設定する

「行の挿入」には「ファイル」と「テーブル」の2つの設定項目が用意されています。まずは、これらを設定していきます。

「ファイル」の右端にあるフォルダーアイコンをクリックし、「GoogleDrive」の「>」をクリックして「サンプルシート1」ファイルを選択しましょう。続いて下の「テーブル」の項目をクリックし、プルダウンして表示される項目から「シート1」を選択します。

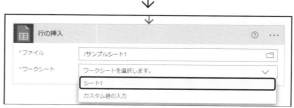

図4-70：「行の入力」の設定を行う。

各列に値を入力する

　テーブルが選択されると、そのテーブル（ワークシート）に用意されている列名が項目として下に表示されます。これらに値を設定していきます。

　ここでは各列の名前と同じ名前の変数を動的コンテンツから選んで設定していきましょう。これらはすべてトリガーの入力項目として用意したものです。

図4-71：各列の項目が追加されるので、列名と同じ動的コンテンツを値に設定する。

動作を確認しよう

　これでアクションは完成です。フローを保存して動作を確認しましょう。モバイルアプリでもPCからWeb版のフローを実行してもどちらでもかまいません。

　実行すると値を入力する表示が現れるので、名前・メールアドレス・年齢・性別を入力してください。性別は例によってはい/いいえで設定するので、どちらの値が男性かを自分で決めて入力をしましょう。

図4-72：フローを実行する。4つの項目を入力して送信すればレコードが追加される。

Googleスプレッドシートを確認

　いくつかレコードを追加したら、Googleスプレッドシートのファイルを開いて内容を確認しましょう。送信した内容がレコードとしてシートに保存されているのがわかるでしょう。

　なお、項目の最後に「__PowerAppsId__」という項目が追加されているのに気がついたはずです。これはPower Automateによって自動的に追加された列で、各レコードに割り当てられるIDになります。

	A	B	C	D	E
1	名前	メール	年齢	性別	__PowerAppsId__
2	taro	taro@yamada	39	False	865ff52e4a63473ba38521bd8fc80cba
3	hanako	hanako@flower	28	True	a1496305152a4c92a8e33c5ab95032a8
4	sachiko	sachiko@happy	17	True	ce4615c8a496488ba188e3c07ec44cc5
5	jiro	jiro@change	6	False	5450308b84244d4fb728a0682838f4fa
6					
7					

図4-73：Googleスプレッドシートでは、送信した値がレコードとして保存されている。

レコードを取得する

次は、ワークシートに保存されているレコードを取得しましょう。これは2つのアクションが用意されています。

1つは、IDを指定してレコードを取得するためのものです。「Googleスプレッドシート」コネクタに「行を取得する」というアクションとして用意されています。

これは、行に割り振られているIDを使ってレコードを検索するものです。データを保存するワークシートには、最後の列に「__PowerAppsId__」という項目が自動追加されていました。これが個々のレコードのIDです。

もう1つは、すべての行をまとめて取得するアクションです。ワークシートを指定すると、そこに保管されているレコードを配列として取り出します。

新しいフローを用意

新しいフローを用意してレコードの取得を行ってみましょう。「マイフロー」から新しいインスタントクラウドフローを作成してください。

名前は「スプレッドシートフロー4」としておき、トリガーは「手動でフローをトリガーします」を選びます。

図4-74：新しいフローを作成する。

入力項目の追加

作成されたフローの「手動でフローをトリガーします」トリガーをクリックして展開し、「入力の追加」をクリックして入力項目を作ります。

今回は「テキスト」の項目を1つだけ用意します。タイトルは「IDを入力」としておきましょう。

図4-75：入力項目を1つ用意する。

「行を取得する」アクションの追加

フローにアクションを追加しましょう。「新しいステップ」をクリックし、「Googleスプレッドシート」コネクタ」から「行を取得する」というアクションを選択します。これがIDでレコードを取り出すためのアクションです。

図4-76：「行を取得する」アクションを追加する。

アクションの設定を行う

追加されたアクションには「ファイル」「ワークシート」「行ID」という3つの項目が用意されています。「ファイル」でGoogleスプレッドシートのファイル（「サンプルシート1」）を、「ワークシート」で「シート1」を選択してください。「シート1」からレコードを取り出すようになります。

最後の「行ID」には動的コンテンツのパネルから「IDを入力」を設定しておきます。これで、入力項目から入力したIDのレコードが取り出されるようになります。

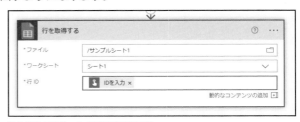

図4-77：アクションの項目を設定する。

通知を追加する

最後に、取り出したレコードの内容を表示する通知を用意します。「新しいステップ」をクリックして「通知」から「モバイル通知を受け取る」アクションを選択して追加しましょう。

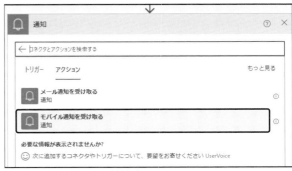

図4-78：通知のアクションを追加する。

アクションのテキストに結果を表示させます。動的コンテンツとして、パネルの「行を取得する」に「名前」「メール」「年齢」「性別」といった項目が用意されています。それらのコンテンツをテキストに追加していきます。

図4-79：テキストに取得した動的コンテンツを表示する。

性別を表示させる

性別については式を使って結果を表示します。すでにExcel Onlineのレコード検索でもやりましたね。基本的にはあれと同じ式になります。動的コンテンツのパネルから「式」を選択し、以下のように記述しましょう。

▼リスト4-2

```
If(equals(toUpper(outputs(' 行を取得する ')?['body/ 性別 ']),'TRUE'),' 女性 ',' 男性 ')
```

すると、「性別」の値を元に「女性」「男性」のいずれかが表示されるようになります。式で行っていることは、基本的にリスト4-1と同じですから、詳しくはそちらの解説を参照してください。

これで今回は完成です。先にExcel Onlineではレコードがなかった場合のエラー処理も作成しましたが、今回は省略します。

図4-80：式を使って性別を表示させる。

実行し結果をチェックする

フローを保存し、動作を確認しましょう。今回はIDの値を入力しなければいけないので、PCでテスト実行したほうが簡単でしょう。フローを実行するとIDを入力する表示が現れるので、GoogleスプレッドシートからIDの値をコピー&ペーストして入力をしてください。

図4-81：IDをペーストして実行する。

　フローの実行が終わると、結果の表示画面になります。「モバイル通知を受け取る」アクションを展開し、内容を表示しましょう。すると、「入力」の「テキスト」欄に実行結果が表示されています。問題なくレコードの内容が取り出せたか確認しましょう。

図4-82：実行結果を確認する。

レコードの更新と削除

　これでレコードの追加と取得の基本がわかりました。後はすでにあるレコードの更新と削除ができるようになれば、一通りレコードの操作が行えるようになりますね。

　これらのアクションも、もちろん「Googleスプレッドシート」コネクタに用意されています。以下に簡単にまとめておきましょう。

「行を更新します」アクションについて

　すでにあるレコードの内容を更新するために用意されているのが「行を更新します」アクションです。指定したIDのレコードの内容を書き換えるものです。

　作成すると、「ファイル」「ワークシート」「行ID」といった設定項目が表示されます。これらにGoogleスプレッドシートのファイルとワークシートを設定し、書き換えるレコードのIDを記入します。ファイルはフォルダーアイコンをクリックして選択し、ワークシートはプルダウンメニューから選択します。

図4-83：「行を更新します」アクションの設定。

　これらの設定を行うと、選択したワークシートの内容を読み込み、その下に各列の項目が追加されます。ここに新たに設定する値を入力すれば、指定のIDのレコードが変更されます。

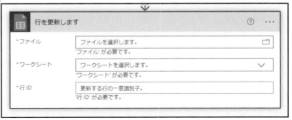

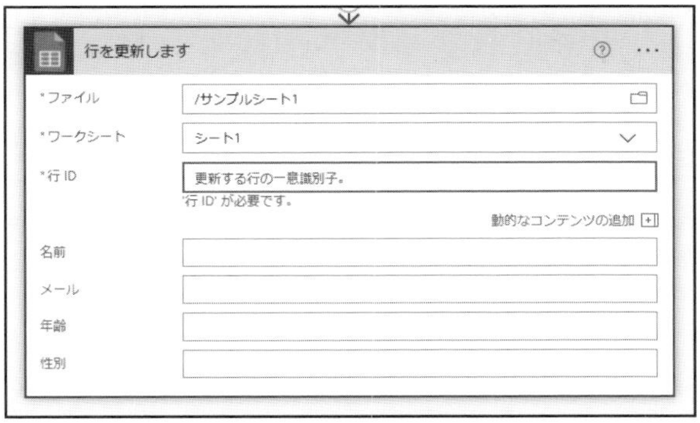

図4-84：ワークシートを選ぶと、各列の項目が追加される。ここに値を入力する。

「行の削除」アクションについて

すでにあるレコードを削除するには、「行の削除」アクションを用います。指定したIDのレコードを削除するものです。

アクションには「ファイル」「ワークシート」「行ID」といった項目が用意されています。これらでGoogleスプレッドシートのファイル、アクセスするワークシート、削除するレコードのIDといったものを設定すれば、そのレコードを削除できます。

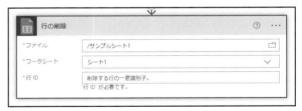

図4-85:「行の削除」アクションの設定。

Googleスプレッドシートからレコードを得る

Googleスプレッドシートの基本的な使い方も、だいぶわかってきたことでしょう。基本的な考え方はExcel Onlineとだいたい同じです。細かな点で違いはありますが、どちらも同じような機能が同じようなやり方で実装されている、ということはわかったでしょう。

この2つが使えるようになれば、両者を連携した処理も作れるようになります。例として、GoogleスプレッドシートのレコードをExcelにバックアップするフローを作ってみましょう。

まず、新しいフローを用意します。「マイフロー」から新しいインスタントクラウドフローを作成してください。フロー名は「スプレッドシートフロー5」としておき、トリガーに「手動でフローをトリガーします」を選択します。

図4-86:新しいフローを作成する。

「複数行を取得」アクション

今回は、Googleスプレッドシートからすべてのレコードをまとめて取得するアクションを利用します。「新しいステップ」をクリックし、「Googleスプレッドシート」コネクタから「複数行を取得」というアクションを選択してください。全レコードをまとめて取り出すためのものです。

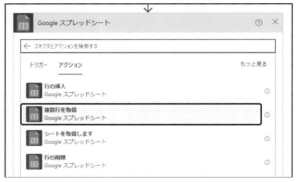

図4-87:「複数行を取得」アクションを追加する。

　作成されたアクションにはファイルとシート名を入力するための項目が用意されています。以下のように設定をしておきましょう。

ファイル	/サンプルシート1
名前	シート1

　ファイルはフォルダーアイコンをクリックし、「GoogleDrive」の「＞」をクリックして表示されるリストから選択します。名前はプルダウンして現れるリストから選択します。

図4-88：アクションにファイルと名前を設定する。

バックアップ用Excelテーブルの作成

　続いて、Excel側にレコードを保存するための準備をしていきます。今回は新しいシートにバックアップ用のテーブルを作成し、そこにレコードを記録していくことにします。そのためには「ワークシートの作成」と「テーブルの作成」を行う必要があります。

「ワークシートの作成」アクション

　ワークシートの作成を行うアクションを用意しましょう。「新しいステップ」をクリックして「Excel Online(OneDrive)」コネクタを選択し、その中にある「ワークシートの作成」というアクションを選んでください。これがワークブックに新しいワークシートを作成するものです。

図4-89：「ワークシートの作成」アクションを追加する。

　このアクションにはワークブックのファイルと、作成するワークシート名を入力する項目が用意されています。それぞれ以下のように設定してください。ファイルはフォルダーアイコンから選択しましょう。

ファイル	/サンプルブック.xlsx
名前	バックアップ

　これでサンプルブック.xlsxに「バックアップ」というワークシートが作成されます。ここにバックアップ用のテーブルを用意します。

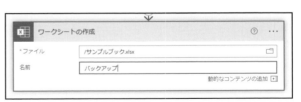

図4-90：ファイルとワークシート名を設定する。

「テーブルの作成」アクションの利用

テーブルの作成は使ったことがありますね。では「新しいステップ」をクリックし、「Excel Online(OneDrive)」コネクタから「テーブルの作成」アクションを選択しましょう。

図4-91：「テーブルの作成」アクションを追加する。

アクションにテーブル作成のための設定項目が表示されます。それぞれ以下のように設定をしましょう。ファイルはフォルダーアイコンから選択します。

ファイル	/サンプルブック.xlsx
表の範囲	バックアップ!A1:D1
テーブル名	バックアップテーブル
列名	__PowerAppsId__;名前;メール;年齢;性別

表の範囲は「バックアップ!A1:D1」としてあります。これで「バックアップ」ワークシートのA1 〜 D1の範囲にテーブルが設定されるようになります。列名には、名前・メール・年齢・性別といったGoogleスプレッドシート側に用意されている項目の他、IDが記述されている__PowerAppsId__も用意しておきました。

図4-92：テーブル作成に必要な設定を用意する。

レコードをExcelに保存する

これで元のレコードと、保存先のテーブルが用意できました。後はレコードを順にテーブルに書き出していくだけです。これには配列の繰り返しを使います。

では「新しいステップ」をクリックし、「コントロール」から「Apply to each」アクションを選択しましょう。

4-93：「Apply to each」アクションを追加する。

作成したアクションの「以前の手順から出力を選択」には、動的コンテンツの「複数行を取得」内にある「レコード value」という値を設定しておきます。「複数行を取得」で取り出した全レコードが配列としてまとめられている値です。この中から順に値を取り出して処理していきます。

図4-94：「レコード value」を値に設定する。

「表に行を追加」アクションの用意

最後に、繰り返し部分にレコードを追加するアクションを用意しましょう。「Apply to each」内にある「アクションの追加」をクリックし、「Excel Online(OneDrive)」コネクタから「表に行を追加」アクションを選択してください。

アクションが追加されたら設定を行っていきます。今回は使う値が間違えやすいので、よく注意して値を用意しましょう。

図4-95：「表に行を追加」アクションを追加する。

ファイル	フォルダーアイコンから「サンプルブック.xlsx」を選択。
テーブル	動的コンテンツの「テーブルの作成」から「name」を追加。
行	動的コンテンツの「Apply to each」から「現在のアイテム」を追加。

テーブルの指定は、「テーブルの作成」を実行して得られる名前の「name」を使って指定します。行には「Apply to each」で繰り返し取り出される「現在のアイテム」をそのまま指定します。

これで「現在のアイテム」で得られたレコードが、作成したテーブルに保存されるようになりました。完成したら、フローを保存しておきましょう。

図4-96：「表に行を追加」の設定を完成させる。

実行して動作を確認!

実際にフローを実行してみましょう。ただし、実行しても何もメッセージなどは表示されません。ワークブックが直接書き換えられるだけです。

フローが終了したら、「サンプルブック.xlsx」を開いてみましょう。すると「バックアップ」という新しいワークシートが追加され、そこに「バックアップテーブル」が用意されて、Googleスプレッドシートのレコードがすべて保存されているのが確認できます。

このように、Power Automateを使えば、Excel OnlineやGoogleスプレッドシートのレコードを自由に読み書きできるようになります。他のファイルやテーブルに書き出すことも簡単です。

図4-97:「バックアップ」ワークシートにレコードが書き出されている。

Excel OnlineとGoogleスプレッドシートの違い

以上、Excel OnlineとGoogleスプレッドシートという、2大Web版スプレッドシートの基本的な利用について説明をしました。いずれも「レコードの作成・検索・更新・削除」といった機能を中心に説明をしています。これらがPower Automateから利用できるもっとも重要な機能といえます。

これらのスプレッドシートには、もちろんそれ以外にも多数の機能が用意されていますが、レコードの操作以外の機能はほぼ用意されていません。Power Automateから使えるのは、ここで取り上げた機能に限定されています。

Power Automateは「Webサービスを自由に操作できるマクロ」ではありません。Webサービスにアクセスして必要な情報をやり取りするためのものです。デスクトップ版のPower Automateのように、きめ細かなWebサービスの操作が行えるものと考えていた人もいたかもしれませんが、そういうものではないのです。「それじゃ、たいしたことはできないな」と思った人。本当にそうでしょうか。Power Automateは「Excel Onlineを操作するツール」ではありません。「あらゆるWebサービスにアクセスできるツール」であり、そのサービスの1つにExcel Onlineも含まれている、ということなのです。

さまざまなサービスから取得した情報をExcel Onlineのテーブルに保存する。あるいは、テーブルから取り出した情報を外部のサービスに送信して処理させる。こうした「まったく異なるサービス間で情報をやり取りする」のがPower Automateなのです。

ここではスプレッドシートのごく基本的な操作について説明をしましたが、これで終わりではありません。これから先、さまざまなサービスの利用について説明をしていきますが、その中でデータをExcel Onlineに保存するなど、ここで取り上げたスプレッドシートをデータベース的に利用することもあるでしょう。そうした「他のサービスとの連携」まで含めて、初めて「Power Automateでスプレッドシートが使える意味」がわかってくるのだ、と考えましょう。

Chapter 5

メールとアドレスの管理

メールはメッセージ送受信の基本となるものです。
メールサービスにはやりとりする相手を管理するアドレス管理機能も用意されています。
こうしたメールとアドレス管理機能の利用について説明しましょう。

Gmailコネクタについて

「メールの処理」というのは、ビジネスユースではけっこう重要な機能でしょう。Power Automateでサービスの自動化を考えたとき、「メールの処理」を思い浮かべた人は多いはずです。このChapterではメール関係の処理について説明していきましょう。

まずはGmailです。Gmailは、いわずと知れたGoogleのメールサービスですね。Webベースの無料メールサービスとしてはもっとも広く使われているものでしょう。Power AutomateにはGmailのコネクタもちゃんと用意されています。これを利用することで、Gmailに届いたメールを自動処理させることができます。ただし、これまで作成したフローとはアプローチが異なっているので注意が必要です。

Gmailのトリガー

Gmailのコネクタには、Gmailに保管されているメールを取り出して扱うための機能が用意されていないのです。いえ、メールを操作するアクションは用意されています。けれど「メールを取得する」アクションがないのです。メールが取り出せないのに、どうやってメールを操作する？　そう思うかもしれません。

その方法は、「トリガー」を利用するのです。Gmailにはメールが届いたときに実行するトリガーが用意されています。これを利用することで、届いたメールに対して処理を行えるようになっているのです。

Gmailは、このように「独自のトリガー」をうまく使いこなすことで届いたメールの処理を行います。

メールを送信する

Gmailのすべてのアクションがトリガーでメールが届いたときにしか使えないわけではありません。アクションの中にはそのまま呼び出して利用できるものもあります。それは「メールの送信」です。メールの送信はPower Automateでメールサービスを利用する際にもっとも多用する機能でしょう。さっそく使ってみましょう。

新しいフローを用意

まずは新しいフローを作成しましょう。「マイフロー」を選択し、上部の「新しいフロー」をクリックして「インスタントクラウドフロー」メニューを選びます。

図5-1：新しいインスタントクラウドフローを作成する。

フロー作成のパネルが現れたら、以下のように設定を行いましょう。

| フロー名 | Gmailフロー 1 |
| このフローをトリガーする方法を選択します | 手動でフローをトリガーします |

図5-2：「Gmailフロー 1」という名前でフローを作成する。

「メールを送信」アクションの追加

新しいフローの編集画面になったら、アクションを作成しましょう。「新しいステップ」をクリックし、アクションを選ぶパネルが現れたら、上部にあるフィールドに「gmail」と入力しましょう。これで「Gmail」コネクタが検索されます。このアイコンをクリックしてください。

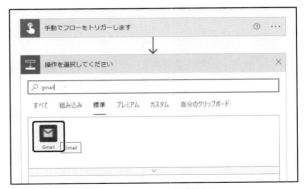

図5-3：「gmail」と検索し、Gmailコネクタを選択する。

「Gmail」コネクタのアクションがリスト表示されます。この中から「メールの送信(V2)」という項目を選択しましょう。これがメール送信のためのアクションです。

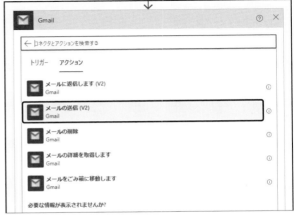

図5-4：「メールの送信(V2)」を選択する。

Gmailに接続する

　作成されたアクションは、まだ使える状態ではありません。「この接続を作成するには、Microsoftは Google APIサービスに接続する必要があります。……」といったメッセージが表示されます。要するに、 Power AutomateからGmailを利用するためのアクセス許可を得る必要があるのです。

　では、上部の「認証の種類」から「既定の共有アプリケーションを利用する」を選び、下にある「サインイン」ボタンをクリックしてください。

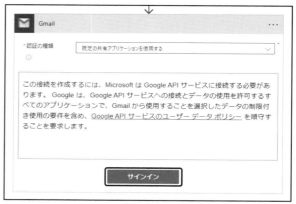

図5-5：「サインイン」ボタンを押してサインインする。

アカウントを選択

　Googleアカウントを選択するウインドウが現れます。ここで利用するGmailのアカウントを選択します。

図5-6：Googleアカウントを選択する。

　画面にGooglアカウントへのアクセスのリクエスト情報が表示されます。アクセス内容を確認し「許可」ボタンをクリックすればアクセスが許可され、ウインドウが閉じてGmailコネクタが使えるようになります。

図5-7：アクセス内容を確認し、「許可」ボタンを押す。

「メールの送信」アクションについて

アクセスが許可されると「メールの送信」アクションの表示が変わります。

送信するメールに関する具体的な情報が設定できます。用意されている項目について簡単に説明しておきます。

宛先	送信先のメールアドレスを入力します。複数に送る場合はカンマで区切って記述します。
件名	メールの件名（タイトル）を入力します。
ボディ	メールの本文です。上部に表示されているツールバーを使ってフォントのサイズやスタイルなどを自由に設定できるようになっています。
添付ファイル～	これより下にある「添付ファイル-〇〇」といった項目は添付ファイルに関する設定です。

メール送信処理の作成

メールを送信する処理を作りましょう。今回は送信先、タイトル、メッセージといった情報をトリガーで用意し、それらをアクションに設定して送ることにします。

まず、「手動でフローをトリガーします」トリガーをクリックして展開表示し、「入力の追加」をクリックして3つの入力項目を作成しましょう。値の種類はすべて「テキスト」にしておいてください。

図5-8：「メールの送信」に用意された項目。

宛先	送信先のメールアドレスを入力します。
タイトル	メールのタイトルを入力します。
メッセージ	送信するメールの本文を入力します。

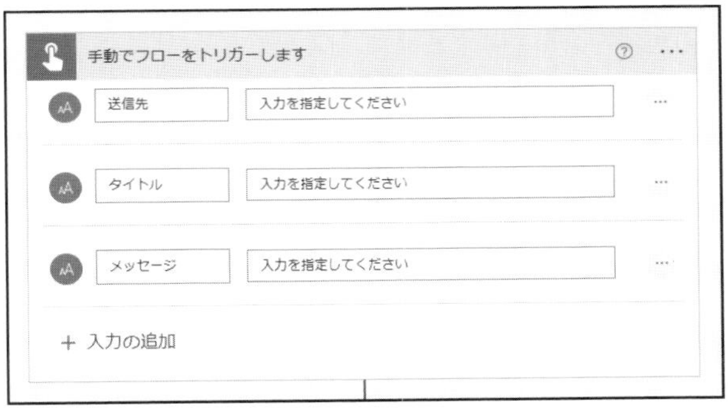

図5-9：トリガーに3つの入力項目を作成しておく。

「メールの送信」の設定

「メールの送信」アクションの設定を行いましょう。先ほど作ったトリガーからの入力をアクションに記入します。

宛先	[送信先]（動的コンテンツ）
件名	[タイトル]（動的コンテンツ）
本文	[メッセージ]（動的コンテンツ）

いずれも動的コンテンツから選んで入力します。これで、実行時に入力した内容でメールが送られます。

図5-10：アクションに動的コンテンツを設定する。

テスト実行しよう

フローを保存して実行しましょう。モバイルアプリでなく、PCから「テスト」で実行してもかまいません。実行すると送信先・タイトル・メッセージを尋ねてくるので、メールアドレスとタイトル、本文のテキストを記入します。

なお、今回のアクションはGmailコネクタのものですが、送信先のメールアドレスはGmailのものでなくとも大丈夫です。

図5-11：送信先、タイトル、メッセージを入力する。

実行が完了すると、入力したメールアドレスにメールが送信されます。入力したアドレスにメールが届いていることを確認しましょう。

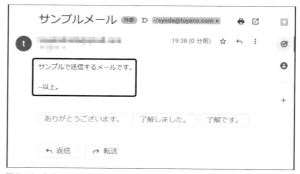

図5-12：入力した内容のメールが届いている。

C　　O　　L　　U　　M　　N

CC, BCC はどう設定する?

指定のアドレスにメールを送るのは簡単です。では、同時に複数にメールを送るときに使われる CC や BCC などを使って同時送信することはできないのでしょうか?

これは、実はできるのです。「メールの送信」アクションの下部にある「詳細オプションを表示する」というリンクをクリックしてみてください。新たに「CC」「BCC」「重要度」といった項目が追加されます。これらを使って CC や BCC を指定し送信することもできます。

図5-13:「詳細オプションを表示する」をクリックすると、CC、BCC、重要度といった項目が追加表示される。

Gmail のトリガーを利用する

　Gmailを利用すること自体はこれでできることがわかりました。しかし、Gmailコネクタに用意されているアクションの大半は、このように「フローの中からGmailにアクセスして利用する」という使い方を考えてはいません。では、どうするのか?　それは、Gmail用に用意されているトリガーを使ってフローを作成するのです。

　Gmailは膨大な数のメールを保管できます。このため、普通にすべてのメールを処理するようなアクションを用意してしまうと、膨大な作業が発生していまいます。すべて処理するのに数十分、あるいはそれ以上かかるようなこともあるでしょう。

　こうしたことを考えたためか、Gmailのコネクタには直接メールを指定して処理を行うようなアクションが用意されていません。

　その代わりに用意されているのが、新たにメールが届いたときに自動的にフローを呼び出すトリガーです。このトリガーを使うことで、利用者が自分でフローを実行しなくとも、メールが新たに届いていれば自動的にフローが実行されるようになります。

　メールに関する処理の多くは「届いたメール」に応じて何らかの処理を行いたい、というものでしょう。こうしたものは、このGmailに用意されているトリガーを利用することで処理を作ることができるのです。

フローを作成しよう

では、Gmailのトリガーを利用したフローを作成しましょう。「マイフロー」から「新しいフロー」にある「自動化されたフロー」メニューを選んでください。これが、コネクタに独自に用意されているトリガーを利用したフローを作る際に選ぶメニューです。

図5-14:「自動化されたフロー」メニューを選ぶ。

画面にフロー作成のためのパネルが現れます。以下のように項目を入力します。

フロー名	Gmailフロー2
フローのトリガーを選択してください	新しいメールが届いたとき(Gmail)

「フローのトリガーを選択してください」の下にはフィールドがありますが、これはトリガーを探すための検索フィールドです。ここに「gmail」と入力すると、Gmail関連のトリガーだけが下のリストに表示されます。ここから「新しいメールが届いたとき」を選択して「作成」ボタンをクリックすれば、Gmailのトリガーを使ったフローが作成されます。

図5-15:「新しいメールが届いたとき」トリガーを選択してフローを作る。

メールが届いたときの処理を作る

作成されたフローには、選択したGmailのトリガーが1つだけ用意されています。このトリガーには「ラベル」という項目が1つだけ用意されています。これはGmailのラベルを指定するものです。

Gmailでは受信トレイの他にも「スター付き」「重要」などGmailに用意されている機能や、ユーザーが自分で作成したフォルダーなどを使ってメールにラベル付けをして管理できるようになっています。トリガーではチェックするラベルを指定し、そのラベルの新着メールが届いたときに処理が実行されるようにできます。

図5-16:作成されたトリガー。「ラベル」が1つだけ用意されている。

このラベルを「inbox」に設定しましょう。inboxは受信トレイを示すラベルです。これで、受信トレイに新しいメールが届いたら処理を実行するようになります。

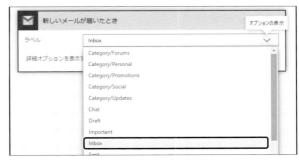

図5-17：「ラベル」をクリックして「inbox」を選択する。

細かな指定もできる！

「新しいメールが届いたとき」トリガーは、ラベルの設定以外にもさまざまな形でチェックする対象となるメールを絞り込むことができます。「詳細オプションを表示する」リンクをクリックしてみてください。すると、新たに「宛先」「差出人」「件名」……など細々とした設定項目が現れます。

これは、トリガーが機能する対象となるメールを絞り込むためのものです。これらを使って条件を設定すると、その条件に完全に一致するメールだけトリガーが機能するようになります。例えば、「特定の差出人からのメールが届いたときだけフローを実行する」というようなことが可能になります。今回は以下のように設定をしておきましょう。

重要度	Not Importnat
星付き	Not Starred

図5-18：「詳細オプションを表示する」で細かな設定を行う。

この他、デフォルトで「添付ファイルあり」も「いいえ」に設定されています。重要でなくスターもついていない（そして添付ファイルもない）メールが届いたときだけ処理を行うようになります。

メールに返信する

届いたメールの処理をしましょう。今回は簡単なメッセージを返信させてみます。「新しいステップ」をクリックし、現れたパネルから「gmail」を検索してコネクタを選択しましょう。そして「メールに返信します（V2）」というアクションをクリックして選択してください。

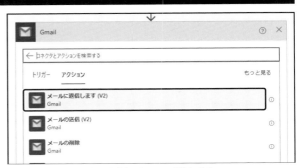

図5-19：「メールに返信します」アクションを追加する。

返信の設定を行う

「メールに返信します」アクションが作成されたら設定を行います。「メッセージID」の項目をクリックして選択し、動的コンテンツにある「新しいメールが届いたとき」内の「メッセージID」をクリックして入力をします。このメッセージIDはメールが届いたときに、その届いたメールのIDが設定されています。Gmailコネクタのアクションでは返信のように特定のメールについて処理を行うとき、このメッセージIDを使ってメールを識別することが多いのです。

その下の「ボディ」には返信のメッセージを記入しておきます。「※メールを受け取りました」など、それぞれで適当に文面を考えて記入しましょう。

図5-20：メッセージIDとボディに適当に値を入力する。

Gmailトリガーの動作テスト

これでメールに返信する処理ができました。では、実際に試してみましょう。Gmailのトリガーを使ったフローでもテスト実行することはできます。「テスト」リンクをクリックし、手動でフローを実行すればいいのです。

図5-21：テストで手動実行すると、待ち状態になる。

ただし、実行しても直ぐに結果は表示されません。そのまま画面には待ち状態を示すビジーカーソルが表示されたままになります。トリガーが実行されるのを待っている状態です。そのまま、チェックしているGmailのメールアドレスにメールを送信してください。するとメールを受け取ってトリガーが働き、フローが実行されます。

実行されると、送信したメールアドレスに返信メールが届きます。

図5-22：Gmailアドレスにメールを送信すると、返信が送られてくる。

実際にフローを利用するには?

テスト実行するやり方はわかりました。では、このGmailトリガーを使ったフローを使えるようにするにはどうするのでしょうか。

これは、「何もする必要はありません」。保存した段階ですでにフローは待機状態となっており、Gmailにメールが届けば自動的に実行されるようになっています。特に何かの設定をして、フローが動くようにする必要などないのです。

逆に、「フローが動作しないようにする」には作業が必要です。「マイフロー」で設定をしたいフロー(ここでは「Gmailフロー2」)をクリックして、その詳細情報の表示画面に移動します。そして上部にあるリンクから「オフにする」をクリックしてください。これでフローはオフになり、Gmailにメールが届いてもトリガーが作動しなくなります。

図5-23：「オフにする」をクリックスルとトリガーが働かなくなる。

C　　O　　L　　U　　M　　N

トリガーの呼び出し間隔

Gmail のトリガーは、Gmail にメールが届くと動作します。が、これは Gmail に常時アクセスしてチェックをしているわけではありません。Power Automate 側から一定時間ごとに Gmail のサーバに問い合わせをして確認をし、新しいメールが届いていたらトリガーのフローを実行しているのです。

では、どのぐらいの間隔で Gmail にアクセスをしているのでしょうか？　これはアカウントの種類によって違います。無料アカウントの場合は約 15 分間隔でアクセスをしています。有料アカウントだともっと短くなります。例えば Microsoft 365 の契約アカウントの場合は約 5 分間隔になります。いずれにしろ、メールが届いてからフローが実行されるまで、多少のタイムラグが生じると考えてください。

この「15 分ごとにアクセス」というのは Gmail だけでなく、コネクタのトリガーを使って自動実行するすべてのフローに共通する仕様です。これは、どんなサービスのトリガーでも同じです。外部のサービスの状況に応じて自動的に実行されるトリガーは、無料アカウントならすべて「15 分間隔」でチェックされると考えてください。

スプレッドシートに情報を保存する

　メールの処理というのはメールを送信することよりも、受け取ったメールの情報をどう扱うか、ということのほうが重要でしょう。例えば、メールのデータを他に書き出して整理したりするのに Power Automate は役立ちます。

　すでに Excel や Google スプレッドシートの使い方はわかっていますから、受け取ったメールの情報をスプレッドシートに整理していくフローを作ってみましょう。

Google スプレッドシートの用意

　今回は扱いが簡単な Google スプレッドシートを利用しましょう。Excel を使ってもかまいませんが、その場合はワークシートの準備だけでなく、テーブルの用意も必要になることを忘れないでください。

　では、スプレッドシート側の準備をしましょう。ワークブックファイルは Chapter 4 で使った「サンプルシート 1」をそのまま利用することにします。このワークブックを Google スプレッドシートで開き、左下にある「＋」をクリックして新しいワークシートを作成してください。名前は「Gmail」としておきます（下部のシート名が表示されているタブをダブルクリックするとシート名を直接変更できます）。

　ワークシートを用意したら、左上の A1 セルから以下のように列名を入力していきます。

受信日時	送信元	タイトル	メールID	スレッドID	サイズ	本文

　これらの情報をメールから取り出して書き出していくことにしましょう。Google スプレッドシートではなく Excel を利用する場合は、作成した A1 ～ G1 のセル範囲を選択し、「挿入」メニューから「テーブル」を選択してテーブルを作成しておきましょう。

　「先頭行をテーブルの見出しとして使用する」のチェックは必ず ON にして、入力した行がヘッダーとして扱われるようにしてください。

なお、この右側には「＿PowerAppsId＿」というPower Platformが割り当てるIDが書き出されます。したがって、右側の列も空白にしておくようにしてください。

図5-24：「Gmail」シートに列名を記入する。

新しいフローを作る

ワークシートが用意できたらPower Automateに戻り、フローを作成しましょう。「マイフロー」を選択して表示を切り替え、上部の「新しいフロー」をクリックして「自動化したフロー」メニューを選びます。現れたパネルで以下のように設定をしましょう。

フロー名	Gmailフロー3
フローのトリガーを選択してください	新しいメールが届いたとき

そして下の「作成」ボタンをクリックすれば、新しいフローが作成されます。

図5-25：新しい自動化したフローを作る。

プロモーションメールが届いたらシートに出力する

フローが作成されたら、トリガーの設定をしましょう。今回はラベルから「Category/Promotions」を選択しておきます。これは「プロモーション」カテゴリを示すものです。このカテゴリに分類されたメールについて処理を行います。

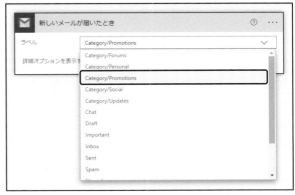

図5-26：「ラベル」に「Category/Promotions」を設定する。

「メールの詳細を取得します」アクション

　プロモーションメールは必要な情報だけスプレッドシートに書き出して削除することにしましょう。まず、メールに関する情報を取り出すアクションを用意します。

　「新しいステップ」をクリックしてパネルを呼び出し、「gmail」コネクタを検索してください。そしてこれを選択し、リストから「メールの詳細を取得します」アクションを選択します。

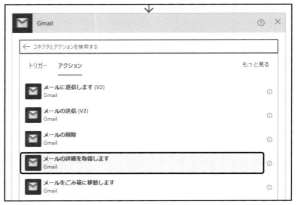

図5-27：「メールの詳細を取得します」アクションを追加する。

メッセージIDを指定する

　作成されるアクションには「メッセージID」という項目が用意されています。IDを記入すると、そのメールの詳細情報が取り出される、というわけです。

　今回は動的コンテンツから「新しいメールが届いたとき」に表示されている「メッセージID」を入力します。これで、届いたメールのIDを元に詳細情報が得られるようになります。

図5-28：メッセージIDに動的コンテンツを指定する。

Googleスプレッドシートを操作する

取得した情報をGoogleスプレッドシートに整理しましょう。「新しいステップ」をクリックし、パネルから「Googleスプレッドシート」コネクタを検索して「行の挿入」アクションを選択してください。すでに使いましたが、これはGoogleスプレッドシートのシートにデータを追加するアクションです。

図5-29：Googleスプレッドシートの「行の挿入」を選択する。

ワークシートの選択

アクションが現れたら、ワークシートの設定を行いましょう。ファイルで「サンプルシート1」を選択し、ワークシートから「Gmail」を選択します。

図5-30：ファイルとワークシートを選択する。

下部に、「Gmail」シートに記述した列名が項目として追加表示されるので、それぞれ以下のように値を記入していきましょう。基本的には、「メールの詳細を取得します」欄に用意されている動的コンテンツを入力していきます。

受信日時	[受信日時]
送信元	[送信者の名前]([差出人])
タイトル	[件名]
メールID	[メッセージID]
スレッドID	[スレッドID]
サイズ	[推定サイズ]
本文	[スニペット]

ちょっとわかりにくいのは「スニペット」でしょう。これはメールの本文を短くまとめたものです。本文すべてではなく、ポイントだけ保管しておきます。

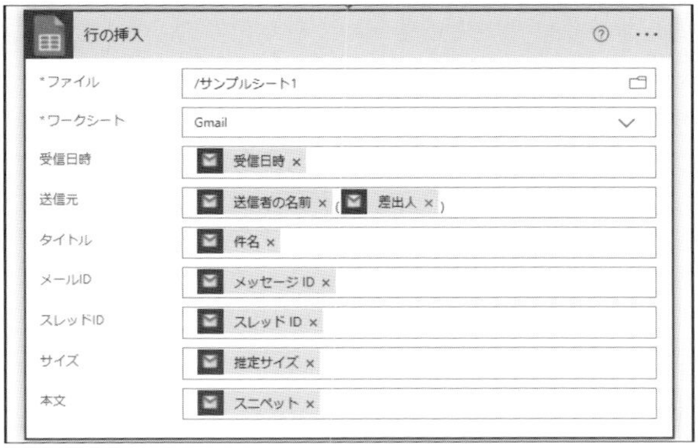

図5-31：各項目に動的コンテンツを設定していく。

メール削除の２つのアクション

　メールの基本情報を保存したら、メールは削除してしまいましょう。「新しいステップ」をクリックし、パネルから「gmail」を検索してください。そして、そこにある「メールをゴミ箱に移動します」アクションを選択します。

　メールの削除は２つのアクションが用意されています。「メールをゴミ箱に移動します」は、文字通りゴミ箱に移動するだけで削除はしません。「メールの削除」というアクションを使うと、その場でメールを削除します。今回はゴミ箱に移動するだけで、削除はしないでおきます。ゴミ箱は30日間は削除されないので、その間に誤って削除したメールがないかチェックすることができます。

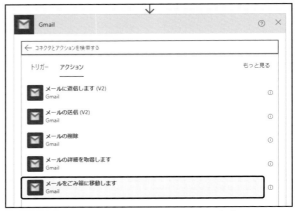

図5-32：「メールをゴミ箱に移動します」アクションを選択する。

　アクションが配置されたら、「メッセージID」を設定します。これは動的コンテンツを使います。「メールの詳細を取得します」にある「メッセージID」を入力してください。

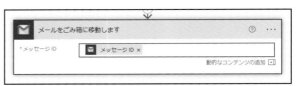

図5-33：「メッセージID」を設定する。

動作の確認

　これでフローは完成です。保存して動作を確認しましょう。ただし、今回は「プロモーション」に分類されたメールについて処理を行うものなので、テストで実行してもうまくチェックできないでしょう。

　保存したフローはすぐに機能しますから、そのまましばらく放置しておきましょう。プロモーションメールがいくつか届いたところで、「サンプルシート１」の「Gmail」シートを開いて内容をチェックしてください。ここにプロモーションメールの情報が書き出されていれば、フローは正常に動いています。

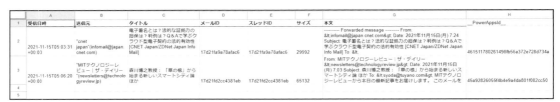

図5-34：「Gmail」シートには、届いたプロモーションメールの情報が書き出されている。

5.2.

Outlookの利用

Outlook.comを利用する

　メールサービスといえば、Gmailと並んで「Outlook」も多くの利用者がいるでしょう。OutlookはMicrosoftが提供するメールサービスです。「Outlookってメールアプリの名前では？」と思った人。いいえ、ここで言うOutlookとは「Outlook.com」というWebサービスのことです。

　Outlook.comはメールサービスだったOutlookをベースにさまざまな機能拡張がされており、現在では予定表やToDoなどまで行えるようになっています。Microsoftアカウントでそのままアクセスできるので、まだ使ったことがない人は実際にアクセスしてどんなものか確認してみてください。

http://outloock.com

図5-35：Outlook.comのWebベースのメールアプリ画面。

Outlookの複数のコネクタ

　Power AutomateにはOutlookに関するコネクタがいくつか用意されていますが、これらは基本的にこのOutlook.comのサービスを利用するためのものです。ローカル環境にあるOutlookアプリなどを操作するものではないので間違えないでください。

　このOutlook.comに接続するコネクタも、実はいくつか用意されています。以下に整理しておきましょう。

Office 365 Outlook	Office 365のアカウントを利用している場合、このコネクタを使います。
Outlook.com	一般の無料アカウントはこれを使います。
Outlook Tasks	これはタスク管理用のコネクタです。メールは扱いません。

　OutlookはOffice 365の利用者と、それ以外の利用者で使うコネクタが違います。Microsoft 365アカウントの場合は「Office 365 Outlook」を、それ以外は「Outlook.com」を使います。これは間違えないでください。間違えるとOutlookに接続できません。

新しいフローを作る

　新しいフローを作成してOutlookを利用していきましょう。まずは、普通にフローを実行するためのフローを作成しましょう。

　「マイフロー」から「新しいフロー」内の「インスタントクラウドフロー」メニューを選んでください。現れたパネルで以下のように設定をします。

フロー名	Outlookフロー1
このフローをトリガーする方法を選択します	手動でフローをトリガーします

図5-36：新しいフローを作成する。

入力項目を追加する

　まずは、基本とも言える「メールの送信」からです。フローが作成されたら、「手動でフローをトリガーします」をクリックして展開表示してください。そして「入力の追加」をクリックし、3つのテキスト入力を作成します。作る入力項目の名前は以下のようにしておきます。

- 送信先
- タイトル
- メッセージ

　これらの項目でメールの情報を入力し、それを元にOutlook.comからメールを送信してみましょう。

図5-37：入力項目を用意する。

Outlook.comでメールを送信する

実際にOutlook.comを利用してみましょう。「新しいステップ」をクリックし、アクション選択のパネルを呼び出してください。フィールドに「outlook」と入力してコネクタを検索しましょう。「Outlook.com」というアイコンが無料アカウントで使うコネクタです。Office 365アカウントを利用しているなら、「Office 365 Outlook」コネクタを選択してください。

図5-38：Outlook.comのコネクタを選択する。

「メールの送信(V2)」アクションを使う

現れたアクションのリストから、「メールの送信(V2)」という項目を探して選択してください。Outlook.comからメールを送信するためのアクションです。まずはこれを使ってみましょう。

図5-39：「メールの送信(V2)」を選ぶ。

Microsoftアカウントによるサインイン

アクションが配置されると、そこには「Outlook.comへの接続を作成するには、サインインしてください。」とメッセージが表示されているでしょう。Outlook.comを使うためには、接続にサインインする必要があります。

では、下にある「サインイン」ボタンをクリックしてください。

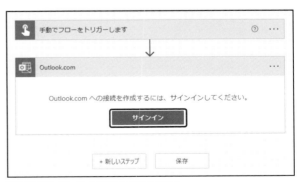

図5-40：「サインイン」ボタンをクリックする。

画面にウインドウが現れ、接続に使うアカウントが表示されます。ここで利用するアカウントを選択してください。

図5-41：アカウントを選択する。

「このアプリがあなたの情報にアクセスすることを許可しますか？」という、アクセスする情報の内容が表示されます。表示を確認し、「はい」ボタンをクリックしてください。これでアクセスが許可されます。

図5-42：下にある「はい」ボタンをクリックする。

メールの送信を利用する

ウインドウが閉じられると、作成した「メールの送信 (V2)」アクションが利用できるようになります。

アクションには「宛先」「件名」「本文」といった項目が用意されており、これらを使って送信するメールの内容を設定します。

図5-43：使えるようになったアクション。ここに送信内容を設定する。

送信情報を設定する

項目を設定しましょう。基本的には動的コンテンツとして用意されている値を利用していきます。

宛先	[送信先]
件名	[タイトル]
本文	[メッセージ]([タイムスタンプ])

図5-44：それぞれの項目に動的コンテンツで値を入力する。

動作を確認しよう

　フローを保存して動作を確認しましょう。モバイルアプリでもPC
のWebブラウザからテストで実行しても、どちらでもかまいません。
実行すると、まず送信先、タイトル、メッセージといった項目を入力
する画面が現れます。これらを記入して実行すると、送信先に指定し
たメールアドレスにメールが送られます。

図5-45：送信先、タイトル、メッセージを
入力する。

　問題なくフローが終了したら、送信先に指
定したメールアドレスにメールが届いている
か確認しましょう。

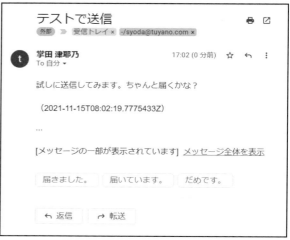

図5-46：送信したメールが届いている。

　メールの送信は、このようにGmailのメー
ル送信と殆ど変わりありません。「詳細オ
プションを表示する」でCCやBCC、ファ
イルの添付などを行える点などもまったく
同じです。Gmailでメール送信ができれば、
Outlook.comでも同様にして送信できるで
しょう。

図5-47：「詳細オプションを表示する」でCC, BCCが設定できる。

Outlook.comのトリガーを使う

　Outlook.comにも、Gmailと同様にメールに関するトリガーが用意されています。これを利用することで、
Outlook.comでメールを受信したときなどに自動的にフローを実行させることができるようになります。
　では、これもフローを作って使ってみることにしましょう。「マイフロー」を選択し、「新しいフロー」から
「自動化したクラウドフロー」メニューを選びます。

現れたパネルで、フロー名に「Outlookフロー2」と入力します。そしてその下のフィールドに「outlook.com」と入力してください。Outlook.comのトリガーが検索されます。この中から「新しいメールが届いたとき(V2)」を選択してフローを作成します。

図5-48：新しいフローをOutlook.comのトリガーで作成する。

「新しいメールが届いたとき(V2)」トリガーについて

フローが作成されます。「新しいメールが届いたとき(V2)」というトリガーが1つ用意されているでしょう。これには「フォルダー」という項目が用意されています。どのフォルダーにメールが届くのを監視するかを設定できます。

デフォルトでは「Inbox」が設定されており、受信トレイが選択されます。クリックすると、Outlook.comに用意されているフォルダーが選択できます。

図5-49：デフォルトでは「フォルダー」項目が用意されている。

受信メールのフィルター設定

アクションでは、どのようなメールが受信されたときにトリガーが機能するかを詳しく設定することができます。

アクションにある「詳細オプションを表示する」というリンクをクリックすると、トリガーが機能するメールの設定を行うための項目が表示されます。ここでフォルダーだけでなく、宛先や差出人、CCや重要度、件名から検索するテキストなどさまざまな項目を設定することができます。これらを設定することで、設定したすべての条件に合致するメールが届いたときのみトリガーが機能し、処理が実行されるようにできます。

今回は、フォルダーを「Inbox」にする以外は特に設定しないでおきましょう。

図5-50：「詳細オプションを表示する」でさらに詳しく設定できる。

メール操作のアクション

　では、受信したメールはどのような操作が行えるのでしょうか？　「Outlook.com」コネクタにはメールを操作するためのアクションがいろいろと用意されています。いずれも「新しいメールが届いたとき (V2)」トリガーで用意されるメールのID（「メッセージID」という動的コンテンツ）を項目に設定して利用できます。主なアクションを以下にまとめておきましょう。

●「メールに返信する(V3)」

　メールに返信を行います。アクションにはメッセージIDと本文の項目が用意されており、メッセージIDに設定したメールに本文を付けて返信することができます。

図5-51：「メールに返信する(V3)」アクション。

●「メールの転送」

　指定のメールを特定のアドレスに転送します。アクションにはメッセージIDの宛先のメールアドレスを指定する項目と、転送時に付けられるコメントを設定する項目が用意されています。

図5-52：「メールの転送」アクション。

●「メールの移動」

　メールを指定されたフォルダーに移動します。アクションにはメッセージIDとフォルダーが用意されています。

図5-53：「メールの移動」アクション。

●「メールの削除」

メールを削除します。削除するメールを指定するメッセージIDの項目だけが用意されています。

図5-54:「メールの削除」アクション。

●「開封済みにする」

届いたメールを未読から既読に変更するものです。メッセージIDの項目が1つだけ用意されています。

図5-55:「開封済みにする」アクション。

Microsoftからのメールを整理する

実際の利用例として、microsoft.comから送られてきたメールをすべて「Microsoft」というフォルダーに移動させてみましょう。併せて、メールの基本的な情報をExcelに保存するようにしてみます。

まず、Outlook.comにフォルダーを作成しましょう。Outlook.comにアクセスし、フォルダー名がリスト表示されている部分にある「新しいフォルダー」リンクをクリックして「Microsoft」というフォルダーを作成してください。

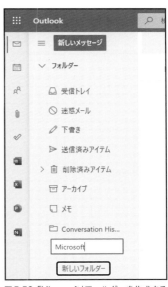

図5-56:「Microsoft」フォルダーを作成する。

Excelシートにテーブルを用意する

続いてExcelのワークブックにテーブルを作成しましょう。Office.com (https://www.office.com/) にアクセスし、Chapter 4で作成した「サンプルブック」を開いてください。Excel Onlineでファイルが開かれます。

図5-57:「サンプルブック」を開く。

開いたら適当なワークシートを開き（下部にある「＋」アイコンをクリックして新しく作ってもかまいません）、A1から以下のように項目を記入します。

受信日時	送信者	宛先	タイトル	本文	

記入したらA1〜E1を選択し、「挿入」メニューの「テーブル」を選択してテーブルを作成します（先頭行はヘッダーに指定します）。その後に「テーブルデザイン」メニューを選び、テーブル名を「OutlookTable」と設定しておきましょう。

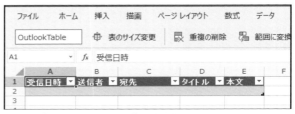

図5-58：「OutlookTable」テーブルを作成する。

「メールの移動」アクション

次に、メールの移動を用意します。「新しいステップ」をクリックし、パネルから「Outlook.com」の「メールの移動」アクションを追加します。

図5-59：「メールの移動」アクションを選択する。

作成されたアクションで、「メッセージID」に動的コンテンツの「新しいメールが届いたとき（V2）」下にある「メッセージID」を追加して「フォルダー」から「Microsoft」を選択します。これで、トリガーを作動させたメールが「Microsoft」フォルダーに移動します。

図5-60：メッセージIDとフォルダーを設定する。

Excelの「表に行を追加」アクションを作成する

Excel Onlineにアクセスして、テーブルにメールの情報を追加します。「新しいステップ」をクリックし、パネルから「Excel Online (OneDrive)」の「表に行を追加」アクションを選択します（有料アカウントの場合は「Excel Online (Business)」を選択）。

図5-61：Excel Onlineの「表に行を追加」アクションを選択する。

作成されたアクションで「ファイル」に「サンプルブック.xlsx」を、テーブルに「OutlookTable」をそれぞれ設定すると、下に各列の項目が現れます。ここで以下のように値を用意していきます。いずれも動的コンテンツを使います。

受信日時	[受信日時]
送信者	[差出人]
宛先	[宛先]
タイトル	[件名]
本文	[本文のプレビュー]

図5-62：ファイルとテーブルを選び、列名の項目を設定する。

動作を確認する

動作を確認しましょう。現段階では、Outlookに届いたすべてのメールでトリガーが動作するようになっています。実際に自身のメールアドレスにメールを送信して動作を確認しましょう。

　送信されたメールは「Microsoft」フォルダーに移動します。その情報がExcelのテーブルに書き出されているはずです。ただし、すでに述べたように無料アカウントではフローの自動実行は約15分ごとに行われるため、少し時間を置かないとフローが動作しないので注意しましょう。

図5-63：届いたメールは「Microsoft」フォルダーに移動している。

　メールが「Microsoft」に移動し、フローが動いていることが確認できたら、「サンプルブック」ワークブックを開いて「OutlookTable」テーブルを確認しましょう。送信したメールの情報がここに書き出されているのがわかるでしょう。

図5-64：OutlookTableテーブルにメール情報が書き出されている。

トリガーを修正する

　動作確認したら、トリガーに差出人のアドレスを指定しましょう。フローの「新しいメールが届いたとき(V2)」トリガーをクリックして展開し、「詳細オプションを表示する」リンクをクリックして表示を展開してください。現れた「差出人」のフィールドに以下のメールアドレスを入力します。

```
microsoft@e-mail.microsoft.com
```

　Microsoftからのお知らせなどが送信されてくるメールアドレスです。これで、このメールアドレスから送られてきたものだけが「Microsoft」フォルダーに移動するようになります。Microsoftからのメールは他にもいろいろとあります。それらすべてを処理したい場合は、メールアドレスをセミコロンで区切って記述すれば、複数アドレスに対応できます。

図5-65：「差出人」に処理するメールアドレスを入力する。

フラグを設定して処理を呼び出す

Outlookには「フラグ」というものが用意されています。例えば、後でメールをまとめて読みたいような ときにフラグを付けておく、というような使い方をするものです。Power Automateにはメールにフラグ を設定するアクションが用意されており、指定したIDのメールにフラグを設定できます。

フラグを設定するとどうなるのか？ Outlook.comに用意されている「メールにフラグが設定されたと き(V2)」というトリガーが実行されるようになるのです。

つまり、あらかじめフラグが設定されたときの処理を用意しておき、特定の条件が合致したときのみそ のメールにフラグを設定すれば、用意した処理を実行できるのです。このフラグ利用の処理を行ってみま しょう。

まず、フラグが設定されたときに行う処理を作成します。「マイフロー」から「新しいフロー」の中の「自動 化したフロー」メニューを選んでください。現れたパネルで以下のようにフローの設定をします。

フロー名	Outlookフロー3
フローのトリガーを選択してください	メールにフラグが設定されたとき(V3)

トリガーは「outlook」で検索すると、すぐ に見つかります。これで新しいフローを作成 してください。

図5-66：「メールにフラグが設定されたとき(V3)」で自動化フローを作成 する。

「メールにフラグが設定されたとき(V3)」トリガー

作成されたフローにはトリガーだけが表示されています。「メールにフラグが設定されたとき(V3)」トリ ガーには「フォルダー」という項目が用意されており、ここでチェックするフォルダーを指定できます。ク リックするとフォルダーのリストが表示されるので、「受信トレイ」を選択しておきましょう。

さらに細かなフィルター処理を行いたいときは、「詳細オプションを表示する」リンクをクリックすれば細 かな設定項目が現れます。このあたりは「新しいメールが届いたとき(V2)」トリガーと同じですね。

図5-67：トリガーには「フォルダー」項目が用意されている。

メールを転送する

では、フラグが設定されたメールの処理を用意しましょう。ここではメールを転送することにします。「新しいステップ」をクリックし、「Outlook.com」コネクタの「メールの転送」アクションを選択してください。

図5-68：「メールの転送」アクションを追加する。

「メールの転送」アクションには転送するメールのIDと送信先、付けるコメントなどの項目が用意されています。以下のように設定しておきましょう。

メッセージID	[メッセージID]
宛先	(送信したいメールアドレスを直接記入)
コメント	※フラグが設定されました。

メッセージIDは動的コンテンツから「メールにフラグが設定されたとき(V3)」の下にある「メッセージID」を選択しておきます。宛先は、それぞれのメールアドレスを入力しておきましょう。

図5-69：アクションの設定を行う。

メールを移動する

転送したら、メールの移動を行っておきます。このフローは受信トレイにあるフラグ付きメールについて実行するものなので、必要な処理が終わったら、メールを受信トレイから別の場所に移動して再びフローが呼び出されないようにしておきます。

「新しいステップ」をクリックし、「Outlook.com」コンテナから「メールの移動」アクションを選んでください。

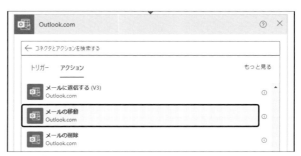

図5-70：「メールの移動」アクションを追加する。

アクションが追加されたら、アクションの設定を行います。以下の２つの項目を設定してください。

メッセージID	[メッセージID]
フォルダー	アーカイブ

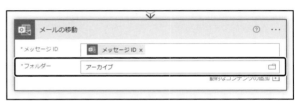

図5-71：メールをアーカイブに移動する。

メッセージIDは、先ほどと同様に動的コンテンツから選択しておきます。フォルダーはクリックするとOutlookのフォルダーのリストが現れるので、そこから「アーカイブ」を選んでおきます。これでメールは自動的にアーカイブに移動します。

動作をチェックする

ここまで、動作をチェックしておきましょう。右上の「テスト」をクリックし、手動でフローを実行してください。フローは待機状態となります。そのままOutlookのWebサイトを開き、受信トレイにあるメールを選択してフラグを設定しましょう（メールの旗アイコンをクリックすれば設定できます）。

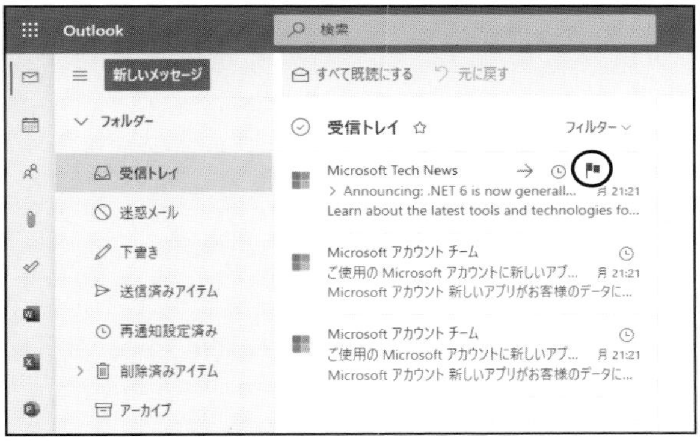

図5-72：メールのフラグをONにする。

そのままメールは受信トレイから消えてアーカイブに移動します。そして、フローに設定しておいたメールアドレスにメールが転送されます。問題なくメールが届いていればフローは正常に動いています。

図5-73：転送先のメールアドレスに、フラグをONにしたメールが届く。

新着メールのフラグを操作する

　これで、フラグが付けられたメールを処理するフローができました。続いて、メールが届いたとき、特定のメールにフラグを付けるフローを作りましょう。

フロー名	Outlookフロー 4
フローのトリガーを選択してください	新しいメールが届いたとき (V2)

　「マイフロー」から「新しいフロー」内の「自動化したフロー」メニューを選びます。そして、上記のようにパネルにフローの設定を行いましょう。

図5-74：新しい自動化フローを作成する。

　作成されたフローの「新しいメールが届いたとき(V2)」トリガーの設定を行いましょう。「フォルダー」は「受信トレイ」を選択しておき、「件名フィルター」のところに「フラグ」と入力しておきます。これで、メールの件名に「フラグ」というテキストが含まれているものだけ、このトリガーが働くようになります。

図5-75：トリガーの設定を行う。

メールにフラグを設定する

　続いて、メールにフラグを設定するアクションを作成します。「新しいステップ」をクリックし、「Outlook.com」コネクタから「メールにフラグを設定します」というアクションを選択してください。

図5-76：「メールにフラグを設定します」アクションを追加する。

　アクションには、フラグを設定するメールを指定するための「メッセージID」項目が1つだけ用意されています。動的コンテンツから「新しいメールが届いたとき(V2)」下にある「メッセージID」を探して追加しましょう。これで、トリガーが動作したメールにフラグが設定されるようになります。

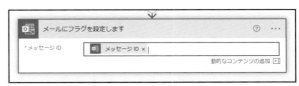

図5-77：メッセージIDを設定する。

フラグ利用の用途

　完成したらフローを保存し、Outlookのメールアドレスに「フラグ」というテキストを含むタイトルのメールを送ってみましょう。自動的にフラグが設定され、メールの転送が行われます。これもやはり15分間隔でフローのチェックが行われるので、時間に余裕を持たせて動作を確認しましょう。

　この「届いたメールから特定のものにフラグを付ける」「フラグが付いたときに処理を実行する」という2つのフローの組み合わせにより、届いたメールをいろいろと処理できるようになります。新着メールにフラグを付けるフローは1つしか作れないわけではありません。必要に応じていくらでも作成できます。

　例えば、「フラグが付いたらメールの内容をExcelにバックアップする」というような処理を作成しておけば、「これはExcelに保存したい」と思ったなら、そのメールにフラグを付けるだけでいいのです。手動でフラグを付けてもいいし、フローを作成してもいいのです。例えば「特定のメールアドレスからメールが届いたらフラグを付ける」「決まったタイトルのものにフラグを付ける」「重要度が高いものはフラグを付ける」というようにフローをどんどん作成していけば、それらはすべてExcelにバックアップされるようになるわけです。

<table>
<tr><td>Chapter
5</td><td>5.3.
....
アドレス情報の管理</td></tr>
</table>

Googleコンタクトを利用する

　メールを扱う場合、併せて利用したいのが「アドレス情報」でしょう。最近のメール機能は単純に名前とメールアドレスを記録しているだけでなく、アドレス帳のように住所・氏名・電話番号などの個人情報をまとめて管理できるようになっています。アドレス帳を利用できればそこからメールアドレスを調べてメールを送信したり、届いたメールアドレスからそのアドレス情報を調べて利用したりできるようになります。

　ここではGmailとOutlookという2つのメールサービスを利用しました。これらはアドレス情報の管理もそれぞれ別々に行っています。したがって、2つのアドレス情報の利用について学ぶ必要があります。

　まずはGmailのアドレス情報からです。これは「Googleコンタクト」というサービスとして用意されています。Googleコンタクトに接続して情報を取り出すことで、Gmailのアドレス情報が取り出せるようになります。Googleコンタクトにはコンタクト情報の作成と取得のためのアクションが用意されています。非常に単純なことしかできないのですが、それでも使い方を覚えておけばいろいろ応用ができるでしょう。

フローを作成する

　フローを作成しましょう。「マイフロー」から「新しいフロー」にある「インスタントクラウドフロー」メニューを選び、以下のように作成をしましょう。

フロー名	コンタクトフロー 1
このフローをトリガーする方法を選択します	手動でフローをトリガーします

図5-78：新しいフローを作る。

連絡先の作成を行う

フローが作成されたら「新しいステップ」をクリックし、現れたパネルでフィールドに「google」と入力します。「Googleコンタクト」コネクタのアイコンが検索されるので、これを選択してください。

図5-79：「google」で検索すると「Googleコンタクト」が見つかる。

「連絡先の作成 (V3)」アクション

表示されるアクションのリストから「連絡先の作成(V3)」という項目を探して選択しましょう。これが今回利用するアクションです。「連絡先の作成(V3)」はその名の通り、新しい連絡先を作るアクションです。これで連絡先を作って登録してみます。

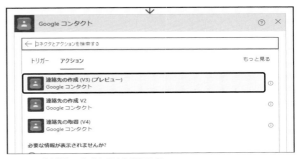

図5-80：「連絡先の作成(v3)」を選択する。

※本書執筆時では、このアクションはまだプレビュー中になっています。このため、正式公開後は表示などが多少変わっている可能性があるので注意してください。

Googleアカウントによるサインイン

作成されたアクションは、「Googleコンタクトへ接続するには、サインインしてください。」と表示されています。ここでアクセスするGoogleアカウントにサインインを行います。「サインイン」ボタンをクリックしてください。

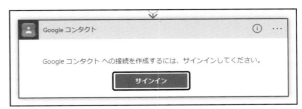

図5-81：「サインイン」をクリックしてサインインする。

　Googleアカウントの一覧リストが表示されます。ここからGoogle
コンタクトを利用したいアカウントをクリックして選択します。

図5-82：利用するアカウントを選択する。

　アクセスの内容が表示されます。内容に一通り目を通し、下部にあ
る「許可」ボタンをクリックしてください。ウインドウが消え、コネ
クタからGoogleコンタクトにアクセスできるようになります。

図5-83：内容を確認して「許可」ボタンを
押す。

アクションの表示

　Googleアカウントに接続されるとアクションの表示が変わります。設定項目として名前やメールアドレ
ス、勤務先の情報などの項目が用意されます。下部にある「詳細オプションを表示する」をクリックすると、
さらに多くの項目が表示されます。

　これらはすべて表示する必要はありません。
必ず記述する必要があるのは「名（Name）」
の項目だけで、それ以外はすべてオプション
であり、記録しておきたいものだけ値を用意
すればいいでしょう。

図5-84：アクションに用意されている設定項目。

入力項目の用意

　アクションに設定する値を入力できるようにしましょう。「手動でフローをトリガーします」トリガーをクリックして展開し、「入力の追加」をクリックして以下の2つのテキスト入力を作成しましょう。

- 名前
- メールアドレス

図5-85：入力項目を作成する。

「連絡先の作成 (v3)」アクションの設定

　では、「連絡先の作成 (v3)」アクションに設定をしましょう。以下の2つの項目に値を用意しておきます。

名	［名前］
仕事用メールアドレス	［メールアドレス］

　設定するのは、先ほど入力項目として用意した動的コンテンツです。これで、入力した値を使ってGoogleコンタクトに連絡先が作成できるようになりました。

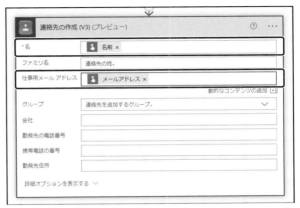

図5-86：名と仕事用メールアドレスに動的コンテンツを設定する。

動作を確認しよう

　完成したらフローを保存し、実行してみましょう。今回もPCで「テスト」実行しても、あるいはモバイルアプリでフローを実行してもどちらでもかまいません。

　実行すると名前とメールアドレスを尋ねてくるので、これらを入力して実行してください。

図5-87：名前とメールアドレスを入力する。

フローが終了したら、Googleコンタクトを開いて連絡先をチェックしてください。入力した項目が作成されていれば、問題なくフローが実行されます。

図5-88：入力した値がコンタクトとして追加されている。

連絡先情報を取得する

続いて、Googleコンタクトから連絡先の情報を取り出して利用する処理を考えてみましょう。「Googleコンタクト」のコネクタには連絡先を取得するアクションがあります。これを使って連絡先を取り出し、その中から値を取り出して利用できるのです。実際にこのアクションを使ってみることにしましょう。

Googleスプレッドシートの準備

今回はGoogleコンタクトから情報を取り出し、Googleスプレッドシートにコンタクト情報を書き出してみましょう。

まず、Googleスプレッドシートの準備をします。先に利用した「サンプルシート1」ワークブックを開き、シート下部の「＋」をクリックして新しいワークシートを作成しましょう。作成されたシートの名前を表示しているタブ部分をダブルクリックし、「コンタクト」という名前にしておきます。

シートが用意できたら、A1セルから横に以下のように列名を記入します。

ID	名前	メールアドレス			

これらの列にコンタクト情報を書き出していくことにしましょう。この右側には「__PowerAppsId__」というPower Platformで自動的に割り当てられるIDが書き出されることになるので、右側の列は開けておくようにしてください。

図5-89：「コンタクト」シートを用意する。

フローを作成する

新しいフローを用意します。「マイフロー」から「新しいフロー」にある「インスタントクラウドフロー」メニューを選び、以下のように作成してください。

フロー名	コンタクトフロー 2
このフローをトリガーする方法を選択します	手動でフローをトリガーします

図 5-90：新しいフローを作る。

「連絡先の取得(V4)」アクション

フローを作成したら、アクションを追加しましょう。「新しいステップ」をクリックし、現れたパネルから「Googleコンタクト」コネクタを検索し選択してください。そしてコネクタにある「連絡先の取得(V4)」というアクションを選択します。これが今回利用するアクションです。

図 5-91：「連絡先の取得 (V4)」アクションを選択する。

このアクションには設定のようなものはありません。実行すると、Googleコンタクトから連絡先の情報をまとめて取り出します。

名前やメールアドレス等から特定の連絡先を取り出すことはできません。すべてまとめて取得するだけです。

図 5-92：アクションには設定項目はない。

「Apply to each」で繰り返し処理

取得された連絡先情報は、各連絡先のオブ
ジェクトの配列になっています。したがって、
ここから順にオブジェクトを取り出して処理
をしていきます。

では「新しいステップ」をクリックし、「コ
ントロール」から「Apply to each」アクショ
ンを選択しましょう。これで繰り返し処理を
行います。

図5-93：「Apply to each」アクションを追加する。

アクションが作成されたら「以前の手順から出力を選択」フィールドをクリックし、動的コンテンツのパ
ネルから「連絡先の取得(V4)」の下にある「connection」を選択します。これが、Googleコンタクトから
取得した連絡先オブジェクトの配列が保管されているものです。

図5-94：「Apply to each」に「connection」を設定する。

Googleスプレッドシートに出力する

「Apply to each」内にある「アクション
の追加」をクリックし、「Googleスプレッド
シート」コネクタの「行の挿入」アクションを
選択します。

図5-95：「行の挿入」アクションを選ぶ。

Google アカウントにサインイン

Google スプレッドシートにサインインしていない場合だと、作成されたアクションには「Google スプレッドシートへの接続を作成するには、サインインしてください。」と表示がされているかもしれません。このような場合は「サインイン」ボタンをクリックし、Google アカウントを選択してアクセスを許可してください。

図5-96：「サインイン」ボタンが表示されていたら、これをクリックして Google アカウントでサインインする。

アクションの設定

作成された「行の挿入」アクションには「ファイル」と「ワークシート」の項目があります。ファイルから「GoogleDrive」内にある「サンプルシート1」を選択し、「ワークシート」から「コンタクト」を選択してください。

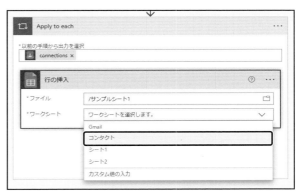

図5-97：ファイルとワークシートを選択する。

アクションに設定をする

「行の挿入」の下に各列の項目が追加表示されます。これらに動的コンテンツから値を入力していきましょう。

ID	[ID]（「連絡先の取得(V4)」下にある値）
名前	（式を入力）
メールアドレス	（式を入力）

図5-98：各項目に動的コンテンツと式を入力する。

　名前とメールアドレスは、動的コンテンツのパネルを「式」に切り替えて式を記入します。入力する式はそれぞれ以下のようになります。

▼リスト5-1：「名前」の式

```
items('Apply_to_each')?['name/displayName']
```

▼リスト5-2：「メールアドレス」の式

```
items('Apply_to_each')?['emailAddresses'][0].value
```

図5-99：パネルを「式」に切り替えて式を直接入力する。

　これで設定は完了です。フローを保存し、テスト実行してみましょう。フローの実行が問題なく行えたなら、「サンプルシート1」ファイルを開いて「コンタクト」シートがどうなっているか確認してください。Googleコンタクトの連絡先情報が書き出されているのがわかるでしょう。

	A	B	C	D	E
1	ID	名前	メールアドレス	__PowerAppsId__	
2	7f373a0d0a9c3096	やまだたろう	taro@yamada.kun	5b00046d71e44811b4f6d29ea184c081	
3	42ca80178d4eb05d	"筆田津那乃"	syoda@tuyano.com	cc11de43f3854fee915eba34d1153c3e	
4	16a0dc8d8ce3a47e	Google Analytics	analytics-noreply@google.com	41dfa74f08124a7886f3934677c5b8e9	
5	5c318b9b8b951947	Google	no-reply@accounts.google.com	a811332e817a466985deaa95e4af673c	
6	24727fb80bb78724	Firebase	firebase-no-reply@google.com	87c30b3f85a746329ad091ea8d5af437	
7					

図5-100：Googleスプレッドシートにコンタクト情報が書き出されている。

コンタクト情報の構造

　ここではコンタクトの情報を「連絡先の取得（V4）」にある動的コンテンツと式を使って取り出しています。動的コンテンツの「連絡先の取得（V4）」下には、「ID」や「氏名」「メール」「住所」「電話番号」など多数のコンテンツが用意されています。これらを利用して表示を行わせることができます。

　ただし、コンタクトの値は非常に複雑な構造になっており、これらの動的コンテンツを設定すればそのまま値が得られるとは限りません。コンタクトの情報がまとめられているオブジェクトは、だいたい以下のような形になっています。

```
{
  ：…略……,
  "names": [……略……],
  "emailAddresses": [……略……],
  "name": {……略……},
  ……以下略……
}
```

　namesやemailAddressesといった項目は値が配列になっており、この中にさらにオブジェクトが保管されています。またnameは配列ではなくオブジェクトが値に設定されており、その中に細かな情報がまとめられています。

先ほど使った式の内容を思い出してみましょう。「名前」にはこんな式が書かれていました。

```
items('Apply_to_each')?['name/displayName']
```

前半の items('Apply_to_each') という部分は「Apply to each」で順に取り出されるオブジェクトを示します。その後の['name/displayName']という部分が、オブジェクトのnameという値の中にあるdisplayNameという値を示しています。上記の構造を見ると、nameという項目にオブジェクトが設定されていましたね。ここにあるdisplayNameという値を取り出していたのです。

名前の表示よりもわかりにくいのが、メールアドレスです。メールアドレスは複数の値を持つことができるため配列になっています。式を見るとこうなっていました。

```
items('Apply_to_each')?['emailAddresses'][0].value
```

「Apply to eachc」で取り出されたオブジェクトからemailAddressという値を取り出しているのがわかります。これは、オブジェクトの配列になっています。そこで[0].valueと記述し、配列の一番目にあるオブジェクトのvalueという値を取り出しているのです。これで最初のメールアドレスが取り出せます。

Googleコンタクトによるコンタクト情報はコネクタに用意されているアクションの数もまだ少なく、あまり本格的な機能が揃っていません。このように式を使ってオブジェクトから直接値を取り出せるテクニックを身につけておけば、得られたオブジェクトをフルに活用できるようになります。

Outlookの連絡先の利用

Googleアカウントの連絡先管理を行うのがGoogleコンタクトならば、Microsoftアカウントの連絡先を管理するのは何でしょう？

これは、「Outlook」なのです。Microsoftアカウントではアドレス管理のための専用サービスが用意されているのではなく、Outlookに連絡先情報も持たせるようにしています。したがって、連絡先を扱いたいときは「Outlook.com」コネクタを利用すればいいのです。

フローを作成する

これも簡単なサンプルを作りながら説明しましょう。まずは新しいフローを用意しましょう。「マイフロー」から「新しいフロー」内にある「インスタントクラウドフロー」メニューを選び、現れたパネルで以下のように設定します。

図5-101：インスタントクラウドフローを作成する。

フロー名	連絡先フロー 1
このフローをトリガーする方法を選択します	手動でフローをトリガーします

入力項目の作成

フローが作成できたら、まずは連絡先の情報を入力するための項目を用意しましょう。「手動でフローをトリガーします」をクリックして展開し、「入力の追加」をクリックして以下の3つのテキスト入力項目を作成します。

- 名前の入力
- メールの入力
- 電話の入力

図5-102：3つのテキスト入力項目を用意する。

「連絡先の作成」アクションの作成

連絡先を作成してみましょう。「新しいステップ」をクリックし、現れたパネルで「Outlook.com」コネクタを選択します。その中にある「連絡先の作成」アクションを選択してください。

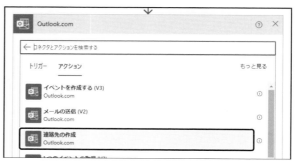

図5-103：「連絡先の作成」アクションを追加する。

アクションの設定を行う

作成された「連絡先の作成」にはデフォルトで多数の項目が用意されています。これらはすべて記述しないといけないわけではありません。必要な項目だけ値を用意すればいいのです。

必ず用意すべき項目としては以下のものがあります。

フォルダー ID	[連絡先]
名	[名前の入力]
自宅電話番号 項目-1	[電話の入力]
メールアドレス Name	[名前の入力]
メールアドレス Address	[メールの入力]

「フォルダー ID」は保管する場所を指定するためのもので、値の入力フィールドを選択するとフォルダーのリストが表示されます。そこから「連絡先」を選択しておきます。

その他の項目は、とりあえずなくとも問題ありません。連絡先は「フォルダー ID」と「名」の2つさえ用意してあれば作成することができます。

図5-104：アクションに必要な項目の値を設定する。

動作を確認する

できたらフローを保存し、実際に動かしてみましょう。実行すると、まず「名前の入力」「メールの入力」「電話の入力」といった項目が表示されます。これらの項目に値を入力して実行し、エラーなくフローが修正すれば連絡先が作成できています。

図5-105：各項目に値を記入して実行する。

フローが終了したら、Outlook.comにアクセスしてみましょう。そして左端に縦に並んでいるアイコンから「連絡先」のアイコン（上から3番目）をクリックして連絡先を確認しましょう。フローで入力した連絡先が追加されています。

図5-106：連絡先が追加された。

複数の連絡先情報を取り出す

　連絡先の情報を取り出す方法はOutlook.comの場合、フォルダーを指定してそこに保管されている連絡先をまとめて取り出すようになっています。これを使いOutlook.comから連絡先情報を取り出してみましょう。

　まず、取り出したデータの出力先を用意します。今回はExcelのワークシートにテーブルを用意することにしましょう。先に利用した「サンプルブック」をExcel Onlineで開いてください。適当なワークシートを開き、A1セルから以下のように列名を記述します。ワークシートがなければ新しいシートを作成してください。

ID	名前	メール	電話		

　作成後、A1〜D1セルを選択し、「挿入」メニューから「テーブル」を選んでテーブルを作成します（先頭行はヘッダーにします）。そして「テーブルデザイン」メニューを選び、テーブル名を「連絡先テーブル」と変更しておきましょう。

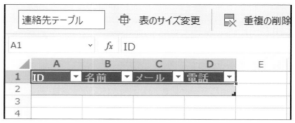

図5-107：「連絡先テーブル」テーブルを作成する。

フローを作成する

　フローを用意しましょう。「マイフロー」から「新しいフロー」内の「インスタントクラウドフロー」メニューを選び、以下のように設定してフローを作成します。

フロー名	連絡先フロー２
このフローをトリガーする方法を選択します	手動でフローをトリガーします

図5-108：インスタントクラウドフローを作成する。

「複数の連絡先の取得」アクション

フローが用意できたら「新しいステップ」を
クリックし、「Outlook.com」コネクタから
「複数の連絡先の取得」アクションをクリック
して追加します。これが連絡先情報を取り出
すためのアクションです。

図5-109：「複数の連絡先の取得」を追加する。

アクションの設定を行う

作成されたアクションには「フォルダー ID」
という項目が用意されています。この項目を
クリックすると、Outlook.comに用意され
ているフォルダーがリストで表示されます。
ここから「連絡先」を選択してください。こ
れはOutlook.comにデフォルトで用意され
ているフォルダーです。

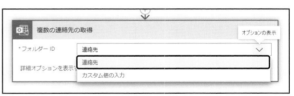

図5-110：フォルダー IDを設定する。

連絡先を繰り返し処理する

では、取得した連絡先情報を処理するた
めの繰り返しを作成しましょう。「新しいス
テップ」をクリックし、「コントロール」から
「Apply to each」を選択してください。「複
数の連絡先の取得」で得られるのは連絡先の
オブジェクトの配列です。これを処理するた
め、「Apply to each」で配列を繰り返し処理
します。

図5-111：「Apply to each」を追加する。

　作成した「Apply to each」の「以前の手順から出力を選択」をクリックし、動的コンテンツのパネルから「複数の連絡先の取得」の下にある「value」を選択します。これが「複数の連絡先の取得」で得られる連絡先の配列が保管されている値です。

図5-112：フィールドに「value」を設定する。

「表に行を追加」アクション

　繰り返し部分で、Excelのテーブルにデータを追加する処理を用意します。「Apply to each」内にある「アクションを追加」をクリックし、「Excel Online(OneDrive)」コネクタにある「表に行を追加」アクションを選択します。

図5-113：「表に行を追加」を追加する。

アクションの設定を行う

　作成されたアクションの「ファイル」で「サンプルブック」を、そして「テーブル」で「連絡先テーブル」をそれぞれ選択してください。下にテーブルの列名が項目として追加されます。

　後はこれらの項目に値を設定していきます。それぞれ以下のように動的コンテンツを追加しましょう。

ID	[ID]
名前	[表示名]
メール	(式を記述)
電話	[携帯電話]

これらの動的コンテンツは動的コンテンツのパネルの「複数の連絡先の取得」下に用意されています。式についてはパネルを「式」に切り替え、以下のように入力します。

▼リスト5-3
```
items('Apply_to_each')?['emailAddresses'][0].Address
```

基本的な式の内容は、先にGoogleコンタクトのメールアドレスを取り出すのに使ったものとだいたい同じです。違いは、['emailAddresses'][0]でemailAddressesの最初のオブジェクトを取り出したら、そこにあるAddressという値を取得し書き出している点です。

Outlook.comの連絡先オブジェクトでは、emailAddressesオブジェクトの中にはNameとAddressという2つの値があり、これらに名前とメールアドレスが保管されています。

図5-114：各項目に動的コンテンツと式を設定する。

動作を確認する

これで完成です。フローを保存し、テスト実行しましょう。Outlook.comの「連絡先」に用意されている連絡先の情報が「サンプルブック」の「連絡先テーブル」に書き出されます。

図5-115：「連絡先テーブル」に連絡先のデータが書き出される。

基本は「新規作成」と「情報整理」

以上、メールとアドレスデータの扱いの基本を説明しました。Gmail、Googleコンタクト、Outlookと複数のサービスについて説明したので混乱したかもしれません。

このChapterでは「GmailとGoogleコンタクト」「OutlookのメールとOutlookの連絡先」という組み合わせで説明しました。またデータの保存にも、Google関連ではGoogleスプレッドシート、Microsoft関連ではExcel Onlineをというように、GoogleとMicrosoftのサービスをそれぞれまとめるようにしています。

　ただし、これは「Google関連のサービスはGoogleのサービスとしか連携できない」ということではありません。GmailやGoogleコンタクトのデータをExcelに保存することもできますし、OutlookのデータをGoogleスプレッドシートに書き出すこともできます。利用するサービスはそれぞれのサービスごとにコネクタが用意されまとめられており、他のサービスやコネクタの影響は受けません。

　このChapterあたりから、少しずつ「複数のコネクタを使い、複数サービスを連携して処理する」ということの意味がわかってきたのではないでしょうか。使えるサービス（コネクタ）が増えていくほどに、こうした「いくつものサービスを連携して動かす」ことの醍醐味が感じられるようになっていくはずですよ。

　ようやくPower Automateの面白さが見えてきた、といってもよいでしょう。後は少しでも多くのサービスを使えるようになっていくだけです。

Chapter 6

ストレージサービスとファイル管理

Webでファイルを管理するストレージサービスが広く使われています。
ここではOneDrive・Googleドライブ・Dropbox・Boxの4種類について、
基本的な使い方を説明していきます。
OneDriveについては、
独自に用意されている便利アクションの使い方にも触れておきましょう。

<table>
<tr><td>Chapter
6</td><td>6.1.
....
ストレージサービスとファイル</td></tr>
</table>

4つのストレージサービス

　最近になってWebベースでのビジネススイートの利用が広まり始めているもっとも大きな理由は、スプレッドシートやワープロなどのWeb化だけでなく、「ストレージのWeb化」も大きく影響しているでしょう。

　現在、Webベースでビジネススイートを利用しているユーザーは、ほとんどがGoogleドライブやOneDriveなどのストレージサービスを利用しているはずです。そうすることで、Web上のデータをローカル環境のファイルと同期させたり、他のユーザーと共有したりできるようになります。

　このWebベースで使えるストレージサービスは世の中に多数存在しますが、もっとも広く利用されているものは「Googleドライブ」「OneDrive」「Dropbox」「Box」の4つでしょう。これらはすべてPower Automateにコネクタが用意されています。こうしたストレージサービスの機能をPower Automateから利用する方法について説明をしましょう。

4つのストレージ

　この4つのストレージ用に用意されているコネクタには、それぞれのサービスを利用するアクションが用意されています。非常に面白いのは、ストレージの基本的な機能（ファイルの作成や移動などの操作や、ファイルの一覧取得など）については、4つのサービスでほぼ同じアクションが用意されているのです。ストレージが変わっても、だいたい同じ感覚でアクションを利用できるようになっているのですね。

　もちろん、コネクタによっては独自の機能をいろいろと持っているものもあります。特に、Microsoftが提供するOneDriveのコネクタには独自の機能がいろいろと盛り込まれています。

　そこで、まず基本機能について4つのサービスのアクションをまとめて説明していくことにします。基本機能がわかったところで、OneDriveの独自機能についても触れていくことにします。

OneDriveについて

　順に説明していきましょう。まずは「OneDrive」からです。OneDriveは、言わずと知れたMicrosoftのストレージサービスですね。Power Automateから利用できるのですが、注意したいのは「2つのコネクタがある」という点です。

　すでにExcel OnlineやOutlookで同様の説明をしました。OneDriveには無料アカウントで利用する「OneDrive」と、有料のビジネスアカウント向けの「OneDrive(Business)」があります。ビジネスアカウント向けのコネクタでは、ビジネスアカウントで利用可能になる機能を使うためのアクションなどが増えています。

　ここでは無料アカウント向けの「One Drive」を使って説明をします。両者は、基本機能はほぼ同じですので、有料アカウントの場合も（利用するコネクタが違うだけで）基本的なアクションの使い方などは同じと考えていいでしょう。

　では、実際にOneDriveにアクセスしてみてください。Excel Onlineで作成したワークブックなど、いくつかファイルが作成されていることでしょう。

https://onedrive.live.com/

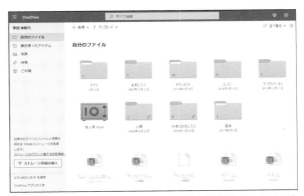

図6-1：OneDriveのWeb画面。MicrosoftのWeb版ビジネススイートで作成したファイルなどはすべてここに保存される。

フローを作成する

　Power Automateにフローを用意しましょう。「マイフロー」から「新しいフロー」内の「インスタントクラウドフロー」メニューを選んでください。現れたパネルで以下のように設定します。

フロー名	OneDriveフロー1
このフローをトリガーする方法を選択します	手動でフローをトリガーします

図6-2：新しいフローを作成する。

入力項目を用意

　フローが用意できたら「手動でフローをトリガーします」トリガーをクリックして展開し、「入力の追加」をクリックして入力の項目を作成しましょう。今回作るのは、2つのテキスト入力です。それぞれ以下のように名前を付けておきます。

- ファイル名
- コンテンツ

図6-3：入力項目を2つ用意する。

OneDriveでファイルを作成する

　OneDriveに接続してアクションを使ってみましょう。まずは、ファイル操作の基本とも言える「ファイルの作成」からです。

　「新しいステップ」をクリックし、パネルを呼び出してください。そこから「onedrive」とフィールドに入力してコネクタを検索します。「OneDrive」と「OneDrive(Business)」の2つのOneDriveアイコンが検索されるので、間違えないように注意してください。

図6-4：「OneDrive」のアイコン。有料アカウント向けのOneDriveもあるので注意。

　「OneDrive」コネクタを選択すると、下にアクションのリストが表示されます。この中から「ファイルの作成」を選択してください。これが今回使うアクションです。

図6-5：「OneDrive」から「ファイルの作成」を選択する。

「ファイルの作成」アクション

　選択した「ファルの作成」はその名の通り、新しいファイルを作成するものです。アクションには初期状態で3つの設定項目が用意されています。それぞれ以下のようなものです。

フォルダーのパス	ファイルを作成する場所（フォルダー）を指定します。
ファイル名	作成するファイルの名前を指定します。
ファイルコンテンツ	ファイルに保存する内容（コンテンツ）を記述します。

「フォルダーのパス」は、右端にあるフォルダーのアイコンをクリックすると、OneDrive内のフォルダーがリスト表示されます。ここから保存場所を選択します。ファイル名とファイルコンテンツは、そのままテキストを入力すればいいでしょう。

図6-6：「ファイルの作成」アクション。3つの設定が用意されている。

では、これらの設定を行いましょう。用意されている3つの設定項目をそれぞれ以下のように記入してください。

フォルダーのパス	フォルダーアイコンをクリックし「Root」を選択。
ファイル名	[ファイル名]
ファイルコンテンツ	[コンテンツ]

ファイル名とファイルコンテンツは、トリガーに用意した入力項目の動的コンテンツを指定します。フォルダーのパスは「Root」というフォルダーを選択すると、「/」という値が設定されます。

これで、OneDriveのルート（ストレージを開いた直下のところ）にファイルを作成するアクションができました。

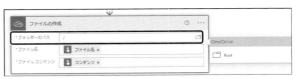

図6-7：アクションに値を設定する。

動作を確認

フローを保存して実行すると、ファイル名とコンテンツを入力する表示が現れるので、ここに適当に値を入力しましょう。ファイル名は最後に「.txt」を付けておくと、テキストファイルと認識してくれます。

図6-8：ファイル名とコンテンツを記入して実行する。

　フローが終了したら、OneDriveを開いて
ファイルを確認してみましょう。入力した名
前のファイルが作成されているのがわかるで
しょう。

図6-9：ファイルが新たに作成されている。

　なお、「.txt」拡張子を付けてあった場合は、
ファイルをクリックすると、その場で開いて
内容を見ることができます。コンテンツに設
定したテキストがファイルに書かれているの
がわかります。これで、「OneDriveコネクタ
を使ってファイルを作る」というシンプルな
処理ができました。

図6-10：ファイルを開くと、コンテンツが書かれているのがわかる。

Googleドライブでファイルを作る

　続いて、Googleドライブです。こちらは「Googleドライブ」というコネクタとして用意されています。
これを接続すれば、ドライブのファイルなどにアクセスできるようになります。
　では、これもフローを作成し、もっとも簡単な「ファイルの作成」を行ってみましょう。「マイフロー」か
ら「新しいフロー」内の「インスタントクラウドフロー」メニューを選び、現れたパネルで以下のように設定
しましょう。

フロー名	GoogleDriveフロー1
このフローをトリガーする方法を選択します	手動でフローをトリガーします

図6-11：新しいフローを作成する。

入力項目の作成

　続いて、フローができたら「手動でフローをトリガーします」トリガーを選択し、「入力の追加」をクリックして入力の項目を作成します。今回も、OneDriveのフローで作ったのと同じ2つのテキスト入力を用意します。

- ファイル名
- コンテンツ

図6-12：入力項目を2つ用意する。

「ファイルの作成」アクションを追加

　「新しいステップ」をクリックして、パネルから「Google Drive」を検索して選択します（フィールドに「google」と書いて検索するとすぐに見つかります）。

図6-13：「Google Drive」コネクタを選択する。

　クリックすると、アクションのリストが表示されます。その中から「ファイルの作成」を選択してください。

図6-14：「ファイルの作成」アクションを選択する。

　Googleドライブへのアクセスがまだ許可されていない場合、作成されたアクションには「Google Drive への接続を作成するには、サインインしてください。」と表示されます。そのまま「サインイン」をクリックして Googleアカウントでサインインしてください。

　すでに何度も Googleアカウントでのサインインは行いましたから、手順はもうわかりますね。新たに現れたウィンドウで使用するアカウントを選択し、アクセス内容を確認して「許可」ボタンをクリックすればアクセスが許可され、コネクタに接続されます。

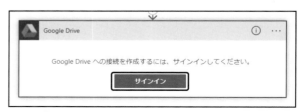

図6-15：「サインイン」をクリックしてサインインする。

「ファイルの作成」を設定する

　Googleドライブにサインインすると、アクションの表示が変わります。「フォルダーのパス」「ファイル名」「ファイルコンテンツ」といった設定項目が表示されるようになります。

　これらは OneDrive の「ファイルの作成」に用意されていたものと同じですね。ストレージサービスの種類は違っても、アクションの使い方などは同じことがわかるでしょう。

図6-16：サインインすると表示が変わる。

フォルダーのパス	フォルダーアイコンをクリックし「Google Drive」を選択。
ファイル名	［ファイル名］
ファイルコンテンツ	［コンテンツ］

　「フォルダーのパス」は、「Google Drive」というフォルダーを選択すると「/」という値が設定されます。これで正常です。他の2項目は、動的コンテンツのパネルからトリガーの入力項目として用意されている変数を使います。

図6-17：アクションの設定を行う。

動作を確認する

　フローを保存して動作を確認しましょう。実行するとファイル名とコンテンツを尋ねてくるので、これらを入力すればファイルが作成されます。

図6-18：ファイル名とコンテンツを入力する。

　フローが終了したら、Googleドライブを開いて確認しましょう。ドライブのルート（開いてすぐのところ）に、入力した名前でファイルが作成されているのがわかるでしょう。

図6-19：Googleドライブにファイルが作成された。

Dropboxを利用する

　Dropboxは、MicrosoftやGoogleとは関係のないストレージサービスです。Webベースですが、アプリをインストールすることでスマホやPCから普通のドライブ感覚でアクセスできるため、広く利用されています。

　これを利用するためには、別途、Dropboxのアカウントが必要です。まだアカウント登録していない人は、Dropboxのサイトにアクセスしてください。

https://www.dropbox.com/

図6-20：Dropboxのサイト。

Chapter 6

上部にある「ログイン」をクリックすると、ログイン画面（https://www.dropbox.com/login）に移行します。ここで「Googleでサインイン」「Appleでサインイン」を使えば、GoogleアカウントやAppleアカウントを使ってサインインできます。これらを利用するのがもっとも手軽でしょう。

図6-21：ログイン画面からサインインをする。

「Googleでサインイン」をクリックするとGoogleアカウントを選択するウインドウが現れ、アカウントを選ぶとアクセス内容が表示されるので、「許可」ボタンで許可をします。このあたりは、すでにおなじみの手順ですね。

アクセスが許可されると、まだアカウント登録していない場合は「〇〇のアカウントを作成」という表示が現れるので、ここで名前を入力し、利用規約の同意のチェックをONにして「作成して続行」ボタンをクリックすればアカウントが作成され、利用できるようになります。

図6-22：アカウントを登録する。

ログインしたら、ホーム（https://www.dropbox.com/home）に移動すれば、いつでもWebからファイルを利用できるようになります。

Dropboxはアプリも提供しているので、本格的に利用したい人はアプリをインストールして使いましょう。

図6-23：Dropboxのホーム。ここでファイルを管理する。

Boxを利用する

Dropboxと同様に広く利用されているストレージサービスに「Box」というものもあります。これもスマホやPCのアプリを使って通常のドライブ感覚でファイルを扱うことができます。こちらは以下のURLで公開されています。

https://www.box.com/ja-jp/

図6-24：BoxのWebサイト。

アカウントを登録していない人は、「サインアップ」ボタンをクリックして登録をしましょう。プランの選択画面になるので「個人またはチーム」をクリックし、「Individual 無料」というプランの「サインアップ」ボタンをクリックします。

登録するアカウント情報を入力する画面が現れるので、ここで必要な情報を入力して「開始する」ボタンをクリックしてください。これでアカウントが作成されます。

作成後、登録したメールアドレスに確認のメールが届くので、そのメール内にあるボタンをクリックして登録を完了してください。

図6-25：アカウントの名前、メールアドレス、パスワードを記入し登録する。

アカウント登録が完了したら、Boxのファイル管理画面（https://app.box.com/）にアクセスしましょう。ここでファイルの管理が行えます。本格的に利用したい人はアプリも配布されているので、それらをインストールしてください。

図6-26：Boxのファイル管理画面。

ストレージ利用のフローを作成する

では、これらのストレージサービスを使ってみましょう。Power Automateに戻って新たにフローを作成します。今回も「インスタントクラウドフロー」を作ります。設定は以下のようにしておきましょう。

フロー名	Dropboxフロー1
このフローをトリガーする方法を選択します	手動でフローをトリガーします

入力項目の作成

フローが作成されたら、「手動でフローをトリガーします」トリガーに入力項目を用意します。「入力の追加」をクリックして以下の2つのテキスト入力を作成しましょう。

- ファイル名
- コンテンツ

図6-27：入力項目を2つ用意する。

Dropboxの「ファイルの作成」アクション

では、Dropboxのアクションを追加しましょう。「新しいステップ」をクリックしてパネルから「Dropbox」を検索して選択し、「ファイルの作成」アクションを選択します。

図6-28：「Dropbox」コネクタを選択し、「ファイルの作成」を選ぶ。

作成されたアクションには「Dropbox への接続を作成するには、サインインしてください。」と表示されます。「サインイン」ボタンをクリックして Dropbox アカウントでサインインしてください。

図6-29：「サインイン」ボタンをクリックしてサインインする。

「ファイルの作成」を設定する

サインインするとアクションの表示が変わり、「フォルダーのパス」「ファイル名」「ファイルコンテンツ」といった設定項目が表示されます。これらは OneDrive や Google ドライブのアクションとまったく同じです。

図6-30：サインインすると表示が変わる。

用意されている設定項目に設定を行いましょう。これも OneDrive や Google ドライブとやり方は同じです。

フォルダーのパス	フォルダーアイコンをクリックし「Dropbox」を選択。
ファイル名	［ファイル名］
ファイルコンテンツ	［コンテンツ］

「フォルダーのパス」は、「Google Drive」というフォルダーを選択すると「/」と値が設定されます。これで正常です。

他の2項目は、トリガーの入力項目として用意される動的コンテンツを使います。

図6-31：アクションの設定を行う。

Boxの「ファイルの作成」アクション

　続いて、Boxのアクションも作成しましょう。
「新しいステップ」をクリックし、パネルから
「Box」を検索して選択します。そして「ファ
イルの作成」アクションを選択しましょう。

図6-32：「Box」コネクタを検索し、「ファイルの作成」アクションを選ぶ。

　作成されたアクションには「Boxへの接続
を作成するには、サインインしてください。」
と表示されます。「サインイン」をクリックし
てDropboxアカウントでサインインしてく
ださい。

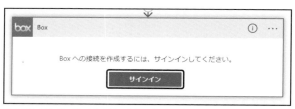

図6-33：「サインイン」をクリックしてサインインする。

「ファイルの作成」を設定する

　サインインするとアクションの表示が変わ
り、「フォルダーのパス」「ファイル名」「ファ
イルコンテンツ」といった設定項目が表示さ
れます。

図6-34：サインインすると表示が変わる。

　用意されている設定項目に設定を行います。すでに何度もやっていますからもうわかりますね。

フォルダーのパス	フォルダーアイコンをクリックし「Box」を選択。
ファイル名	［ファイル名］
ファイルコンテンツ	［コンテンツ］

2 3 0

「フォルダーのパス」は、「Google Drive」というフォルダーを選択すると「/」と値が設定されます。これで正常です。他の2項目は、トリガーの入力項目として用意される動的コンテンツを使います。

図6-35：アクションの設定を行う。

これで、DropboxとBoxのそれぞれに同じファイルを作成するフローができました。作成した内容を確認し、保存しましょう。

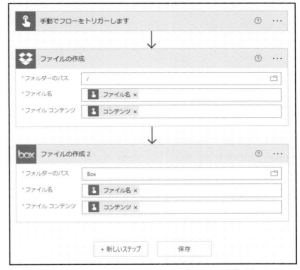

図6-36：完成したフロー。DropboxとBoxの「ファイルを作成」アクションが用意されている。

動作を確認する

フローを保存して動作を確認しましょう。実行するとファイル名とコンテンツを尋ねてくるので、これらを入力すればファイルが作成されます。

図6-37：ファイル名とコンテンツを入力する。

　フローが終了したら、DropboxとBoxの
それぞれにファイルが作成されているか確認
しましょう。

図6-38：DropboxとBoxにファイルが作成された。

ファイルのメタデータとコンテンツ

　クラウドストレージに保管されているファイルは、そのファイルの情報や内容などをPower Automate
のアクションから取り出すことができます。まずは、これら「ファイル情報の取得」に関するアクションか
ら使ってみましょう。

　これらのアクションは全部で4つ用意され
ています。メタデータの取得が2つ、コンテン
ツの取得が2つです。それぞれIDを指定
する方式とパスを指定する方式が用意されて
います。これらはここで紹介したOneDrive、
Googleドライブ、Dropbox、Boxのすべて
のストレージ用コネクタで共通する形でアク
ションが用意されています。個々の違いはあ
りませんから、1つのストレージコネクタで
使い方を覚えれば、他のストレージコネクタ
でもそのまま使うことができるでしょう。

図6-39：Google Driveのアクション。ファイルのメタデータとコンテンツ
を取得するアクションが計4つ用意されている。

メタデータの取得

「メタデータ」とはファイルのデータではなく、ファイルに関するデータのことです。具体的には、ファイルに割り当てられているID、ファイル名、ファイルのパス、ファイルの種類、といった情報のことになります。

これらの情報の取得は、以下の2つのアクションとして用意されています。

●「IDによるファイルメタデータの取得」

ファイルに割り振られているIDを使ってファイルを指定し、そのメタデータの情報を取り出します。IDは、ストレージにファイルが保管される際に割り当てられるファイル固有の値です。

●「パスによるファイルメタデータの取得」

ファイルのパスを使ってファイルを指定し、メタデータの情報を取り出します。ファイルパスは、ファイルが置かれているフォルダー名などを含めて記述されたテキストです。

コンテンツの取得

ファイルに保存されているコンテンツを取り出すためのものです。取り出される値は、ファイルの種類によって変わります。

テキストファイルであればそのままテキストとして取り出せますが、バイナリデータなどはバイナリコードのテキストとして値が取り出されます。

これも、以下の2つのアクションが用意されています。

●「IDによるファイルコンテンツの取得」

ファイルに割り振られているIDを使ってファイルを特定し、そのコンテンツを取り出します。

●「パスによるファイルコンテンツの取得」

ファイルが置かれている場所とファイル名によるパスのテキストを使ってファイルを特定し、コンテンツを取り出します。

IDとファイルパス

IDは、ストレージサービスごとにどのような形の値が割り振られるかが違ってきます。それぞれのストレージごとにどのようなものか確認してみるとよいでしょう。

ファイルパスは、基本的にルートからファイルが置かれている場所までのフォルダー名をスラッシュでつなげたものになります。例えば、「ドキュメント」フォルダー内の「sample」フォルダー内にある「サンプル.txt」というファイルであれば、パスは以下のようになります。

```
/ドキュメント/sample/サンプル.txt
```

このパスは、ファイルパスのフィールドに表示されるフォルダーアイコンを使ってフォルダーやファイルを選択していけば自動的に入力されます。あるいは、直接テキストとして記述することもできます。

ファイル情報取得のフロー

　では、ファイルの情報を取得するフローを作成してみましょう。例によって「マイフロー」から新しいインスタントクラウドフローを作成してください。フローの設定は以下の通りです。

フロー名	ドライブフロー1
このフローをトリガーする方法を選択します	手動でフローをトリガーします

図6-40：新しいフローを作成する。

メタデータの取得

　続いて、メタデータの取得をするアクションを追加します。4つのストレージコネクタのどれを使ってもかまいません。サンプルではDropboxを使うことにします。「Dropbox」コネクタから「パスによるファイルメタデータの取得」アクションを選択して追加します。

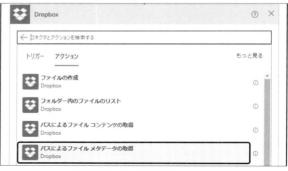

図6-41：Dropboxからアクションを選択する。

　アクションにはファイルパスの設定項目が1つだけ用意されています。右端のフォルダーアイコンをクリックし、表示されるドライブ名のフォルダー（ここでは「Dropbox」）の「>」をクリックしてフォルダー内にあるファイルから、先ほどのフローで作成されたファイルを選びます。

　これで、ファイルパスで設定されたファイルのメタデータが取り出されるようになります。

図6-42：「ファイルパス」項目にファイルのパスを設定する。

コンテンツの取得

　次は、コンテンツの取得をするアクション
を追加しましょう。4つのストレージのどれ
でもいいのでコネクタを選択し、「パスによ
るファイルコンテンツの取得」アクションを
選択してください。サンプルではBoxを使っ
ています。

図6-43：Boxからアクションを選択する。

　このコンテンツの取得をするアクションも、ファイルパスの設定項目が用意されています。先ほどと同様
にしてフローで作成したファイルを選択し、そのパスを設定してください。これで、指定したファイルのコ
ンテンツが取り出されるようになります。

図6-44：「ファイルパス」にファイルのパスを設定する。

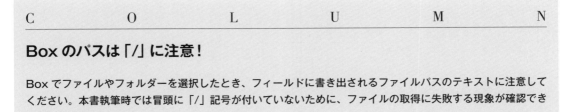

C　O　L　U　M　N

Box のパスは「/」に注意！

Box でファイルやフォルダーを選択したとき、フィールドに書き出されるファイルパスのテキストに注意して
ください。本書執筆時では冒頭に「/」記号が付いていないために、ファイルの取得に失敗する現象が確認でき
ました。
もし、同様の問題が発生した場合は、「ファイルパス」に記述されているファイルパスのテキストの冒頭に「/」
記号を追記してください。

メールで情報を送信する

取り出した情報をメールで送信しましょう。今回は「Mail」コネクタを使うことにします。「新しいステップ」のパネルで「Mail」を検索し、このコネクタにある「メール通知を送信する(V3)」というアクションを選択してください。

図6-45：「Mail」にあるアクションを追加する。

このアクションはChapter 2で使いましたが、覚えていますか？　アクションには「宛先」「件名」「本文」といった設定項目が用意されています。ここに必要な情報を記述していきます。

宛先には、それぞれが使っているメールアドレスを指定してください。件名は「ファイルの情報」としておきましょう。

そして「本文」のところに、取得した情報を表示していきます。用意する項目はすべて動的コンテンツを利用します。ここでは以下の動的コンテンツを本文に追加しました。

・「パスによるファイルメタデータの取得」下にある動的コンテンツ

id	ファイルに割り振られているID
Name	ファイルの名前
Path	ファイルパス
MeditaType	ファイルの種類

・「パスによるファイルコンテンツの取得」下にある動的コンテンツ

ファイルコンテンツ	取得したファイルのコンテンツ

本文の内容は、動的コンテンツを適当に配置し、見やすくレイアウトしておきましょう。また、テキストなどを追記して出力される内容がわかるように、適時説明などを追記しておくとよいでしょう。

図6-46：アクションに宛先、件名、本文を用意する。

動作を確認する

　すべてできたらフローを保存し、実行してみましょう。実行すると、指定したメールアドレスにメールが送信されてきます。送られてきたメールの内容を確認し、ファイルのメタデータやコンテンツが取り出せたか見てみましょう。

図6-47：届いたメールにはメタデータとコンテンツが記述されている。

ファイルのコピーと削除

　ストレージ関係のコネクタには、ファイルのコピーや削除といった操作もアクションとして用意されています。これらを使うことでファイルを複製したり、不要なものを削除することができます。これらを利用してファイルを操作しましょう。

　新しいインスタントクラウドフローを作成してください。設定は以下のようにしておきます。

フロー名	ドライブフロー２
このフローをトリガーする方法を選択します	手動でフローをトリガーします

図6-48：新しいフローを作成する。

「ファイルのコピー」アクション

　まずはファイルのコピーです。Googleドライブを使って行うことにしましょう。「新しいステップ」をクリックし、「Google Drive」コネクタから「ファイルのコピー」アクションを選びます。

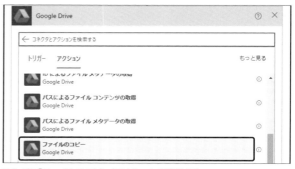

図6-49：「ファイルのコピー」アクションを選択する。

作成されたアクションには3つの設定項目が用意されています。これらにそれぞれ値を入力していきます。

ソースURL	コピーするファイルの指定。「/ファイル名」という形で記述。
宛先ファイルパス	コピー先のファイルパス。「/ファイル名-その2」と指定。
上書きしますか？	上書きするかどうかの指定。「いいえ」を選択。

　ぱっと見て、「ソースURLって何だろう？」と思った人は多いでしょう。これはファイルのURLを指定するところです。外部の公開されたファイルのURLを指定することもできますが、「ストレージにあるファイルのコピー」を行う場合は「コピー元のファイルのパス」を記入する、と考えていいでしょう。そして宛先ファイルパスがコピー先のファイルパスになります。

　この2つは、これまでのアクションのようにフォルダーアイコンを使ってファイルを選択する機能がありません。直接、テキストとして値を記述しなければいけないのです。それぞれでコピーしたいファイル名を調べ、そのパスをソースURLに記述してください。

　宛先ファイルパスには、作成するコピーのパスを記述しておきます。これは「○○-その2」としておきます。拡張子が付いている場合は、その後に付けるとよいでしょう。例えば「○○.txt」というファイルならば、「○○-その2.txt」にしておくわけです。

　「上書きしますか？」は、コピー先にすでに同名のファイルが存在したときの対応です。「はい」にすれば上書きして置き換え、「いいえ」の場合は置き換えずエラーになります。

図6-50：コピー元とコピー先のファイルパスを記入する。

「ファイルの削除」アクション

　続いて、ファイルの削除です。「新しいステップ」をクリックし、「Google Drive」から「ファイルの削除」アクションを選択してください。

図6-51：「ファイルの削除」アクションを追加する。

　作成されたアクションには「ファイル」という設定項目が1つだけ用意されています。ここに削除するファイルを指定します。右端のフォルダーアイコンをクリックして、フォルダーやファイルを選択できるようになっています。

　先ほど「ファイルのコピー」でソースURLに指定したファイルをここで指定しておきましょう。これでファイルをコピーして元のファイルを消す、という処理ができました。

図6-52：コピー元のファイルを削除する。

実行して動作を確認

　フローを保存し、実際に動かしてみましょう。フローが終了したら、Google ドライブを開いてファイルがどのようになったか確認してください。元あったファイルが消え、「○○-その2」という名前のファイルが追加されているのがわかるでしょう。

　このようにファイルのコピーと削除により、ストレージサービスにあるファイルの基本的な操作が行えるようになります。これらはGoogle ドライブ、Dropbox、Boxのいずれのコネクタでも同じものが用意されています。

図6-53：OneDriveでは、「ファイルのコピー」でファイルを選択できる。

> ※OneDriveの場合、「ファイルのコピー」が少しだけ違っています。「ソースURL」の項目が「ファイル」になっており、フォルダーアイコンでファイルを選べるようになっています。こちらのほうが自然ですので、他のコネクタのアクションもいずれこれと同じようにアップデートされるかもしれません。

C O L U M N

ファイルの移動は？

ファイルの新規作成、コピー、削除と行えたなら、「ではファイルの移動は？」と思った人も多いでしょう。2021年の秋の段階では、Google ドライブ、Dropbox、Boxにはファイルの移動のアクションは用意されていません。

ただし、OneDrive には移動と名前変更のアクションがありますので、いずれ他のストレージコネクタにも同様のアクションが追加されるかもしれません。

ストレージコネクタのトリガーについて

　ストレージ関係のコネクタにはアクションだけでなく、トリガーも用意されています。2021年秋の段階ではGoogleドライブにのみトリガーが用意されていませんが、それ以外のものには基本的なトリガーがいくつか用意されています。

　OneDrive、Dropbox、Boxに用意されているトリガーには以下のものがあります。

●「ファイルが作成されたとき」

　新しくファイルが作成されたときに呼び出されるトリガーです。新規にファイルを作ったり、あるいはアップロードされたときなどに呼び出されます。ファイルのパスやコンテンツの種類、作成されたファイルのコンテンツなどが取り出されます。

●「ファイルが作成されたとき(プロパティのみ)」

　トリガーが呼び出されるタイミングは同じですが、こちらはファイルのコンテンツなどは取得されず、ファイルのパスや修正日、サイズなどファイルの属性情報のみを取り出します。

●「ファイルが変更されたとき」

　すでにあるファイルが変更されたときに呼び出されるトリガーです。変更されたファイルのコンテンツなどが取り出されます。

●「ファイルが変更されたとき(プロパティのみ)」

　トリガーが呼び出されるタイミングは同じですが、こちらはファイルに関する属性情報のみが取り出されます。

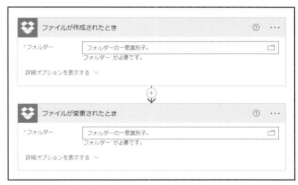

図6-54:「ファイルが作成されたとき」と「ファイルが変更されたとき」の2つのトリガー。

プロパティのみトリガーについて

　2種類のトリガーについて、それぞれ「プロパティのみ」というトリガーが用意されているわけですね。

　基本のトリガー(「プロパティのみ」が付いてないもの)は、トリガーが作動する要因となったファイルのコンテンツが取り出されます。これに対して「プロパティのみ」はファイルの細かな属性情報(メタデータ)を取得し、コンテンツそのものは取り出しません。この2つの違いをよく理解しておきましょう。

フォルダーにアーカイブを展開する

では、トリガーを使ってみましょう。今回はアーカイブ（Zip）ファイルを入れたら、自動的にファイルを展開するフローを作成してみましょう。

ファイル関連のアクションには、非常にユニークなものが用意されてます。それが「フォルダーにアーカイブを展開します」というアクションです。これは、指定したZipファイルを指定のフォルダーに展開するものです。

このアクションとトリガーを組み合わせ、「Zipファイルをアップロードしたら自動的に展開する」というフローを作ってみましょう。

まず、新しいフローを作成します。今回は「自動化したクラウドフロー」を作成します。フローの設定は以下のように行ってください。

フロー名	ドライブフロー3
フローのトリガーを選択してください	ファイルが作成されたとき（プロパティのみ）

フローで使うトリガーはOneDrive、Dropbox、Boxのいずれにも用意されています。サンプルではDropboxを使いますが、それ以外のストレージコネクタを使ってもかまいません。

図6-55：「ファイルが作成されたとき（プロパティのみ）」トリガーでフローを作る。

フローが作成されたら、トリガーの設定をしておきましょう。「ファイルが作成されたとき（プロパティのみ）」トリガーには、監視するフォルダーを指定するための「フォルダー」という設定項目があります。ここでフォルダーアイコンをクリックし、ストレージサービスのフォルダーを選択しておきます。

今回はストレージサービスのルートを指定しておきます。「フォルダー」の設定に「/」と入力されていればOKです。

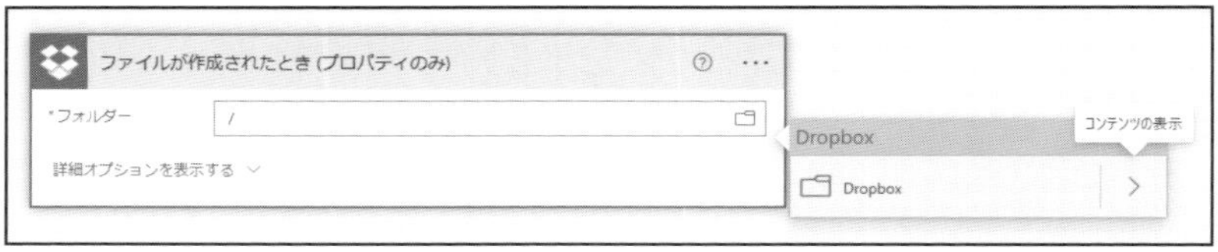

図6-56：フォルダーに「/」と指定をする。

条件を作成する

続いて、作成されたのがZipファイルかどうかをチェックするための条件を用意しましょう。「新しいステップ」をクリックし、「コントロール」から「条件」を選んでください。

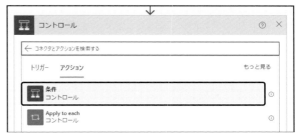

図6-57：「条件」コントロールを作成する。

作成したら、条件を設定します。条件の３つの項目を、それぞれ以下のように設定していきましょう。

[MediaType]	次の値に等しい	application/x-zip-compressed

「MediaType」という動的コンテンツは、トリガーである「ファイルが作成されたとき（プロパティのみ）」に用意されているものです。比較している値は、Zipファイルのデータを表すメディアタイプの値です。

図6-58：条件でZipファイルかどうかチェックする。

アーカイブを展開する

Zipファイルをフォルダーに展開する処理を用意しましょう。条件の「はいの場合」のところにある「アクションの追加」をクリックし、ストレージコネクタの「フォルダーにアーカイブを展開します」アクションを選択してください。

図6-59：アーカイブ展開のアクションを選択する。

作成したアクションの設定を行いましょう。このアクションには全部で３項目の設定が用意されています。

ソースアーカイブファイルのパス	展開するZipファイルのパスを指定します。
宛先フォルダーパス	ファイルを展開するフォルダーのパスを指定します。
上書きする	すでにファイルがあった場合、上書きするかどうかを指定します。

これらの項目を設定します。ファイルとフォルダーを指定する項目は、フォルダーアイコンをクリックしてファイルやフォルダーを指定することもできますし、パスを示すテキストを直接入力することもできます。

アクションの設定をする

では、これらの項目を設定しましょう。それぞれ以下のように入力してください。

ソースアーカイブファイルのパス	[Path]
宛先フォルダーパス	[Path]の展開フォルダー
上書きする	いいえ

ここで使っている「Path」という動的コンテンツは、「ファイルが作成されたとき(プロパティのみ)」トリガー下に用意されています。宛先フォルダーパスは、Pathの後に「の展開フォルダー」と直接テキストを追記してください。これで「〇〇の展開フォルダー」というように、Zipファイル名を使ったフォルダーにファイルを展開保存するようになります。

図6-60:アクションに設定を行う。

以上でフローは完成です。条件の「いいえの場合」には特に処理は用意する必要はありません。全体のアクションの流れと設定をよく確認しておきましょう。

図6-61:完成したフロー。

フローを保存し、動作を確かめてみましょう。といっても、今回はストレージコネクタのトリガーを使っていますから、テスト実行のやり方には注意が必要です。テストで実行した後、フローが待ち状態になったら、実際にストレージにZipファイルをアップロードしてください。これでフローが実行され、Zipファイルが展開されます。

図6-62：ストレージにZipファイルをアップロードすると、自動的にフォルダーを作ってファイルを展開する。

ファイル操作のログを取る

もう1つの、ファイルの更新に関するトリガーも使ってみましょう。例として、ファイルが更新されたらそのファイルの情報をExcelのテーブルに出力する、というものを作成してみましょう。

まず、Excelにテーブルを用意します。「サンプルブック.xlsx」を開き、新しいシートのA1セルから以下のように列名を入力しましょう。

日時	ファイルパス	種類			

記述したら、A1 ～ C1セルを選択し、「挿入」から「テーブル」を選択してテーブルを作成します。作成後、「テーブルデザイン」メニューを選んで、テーブル名を「ファイルログ」と変更しておきましょう。

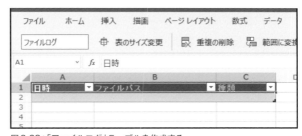

図6-63：「ファイルログ」テーブルを作成する。

フローを作成する

新しいフローを作成しましょう。今回はフローの設定を以下のようにしてください。

フロー名	ドライブフロー 4
フローのトリガーを選択してください	ファイルが作成されたとき（プロパティのみ）

今回も、サンプルではDropboxのトリガーを利用することにします。他のストレージコネクタのトリガーを使ってもかまいません。

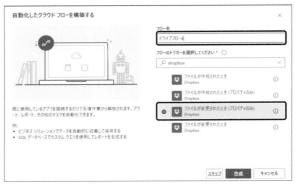

図6-64：トリガーを指定してフローを作成する。

　フローが作成されたら、トリガーの設定をします。「フォルダー」のフォルダーアイコンをクリックし、ストレージのドライブを選択して「/」と入力されるようにしましょう。

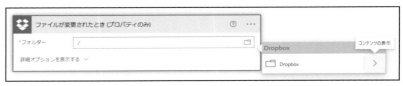

図6-65：フォルダーの設定を行う。

Excelのテーブルに出力する

　Excel Onlineにデータを出力するアクションを作成します。「Excel Online(OneDrive)」コネクタから「表に行を追加」アクションを選んで追加ましょう。

　作成されたアクションに設定をします。まず「ファイル」に「サンプルブック.xlsx」を指定し、「テーブル」に「ファイルログ」を指定します。これで、下に各列の項目が追加されます。後は以下のように項目を設定しましょう。

図6-66：「表に行を追加」アクションを追加する。

日時	[LastModified]
ファイルパス	[Path]
種類	[MediaType]

これらの動的コンテンツは、いずれも「ファイルが作成されたとき(プロパティのみ)」下に用意されています。

図6-67：アクションに動的コンテンツを設定する。

動作を確認する

一通りできたら、実際に動作を確認しましょう。「ファイルが作成されたとき(プロパティのみ)」のトリガーは、ファイルが追加されたり、ファイルの内容が書き換わったり、ファイル名が変更されたりすると、その情報がExcelの「ファイルログ」テーブルに記録されます。

ただし、トリガーによる実行は無料アカウントだと約15分ごとですから、頻繁にファイルを更新するような作業をリアルタイムに記録することはできません。ただ、「このファイルが更新された」というログとしては十分役立つでしょう。

図6-68：ファイルが作成されるとテーブルにログが保存される。

フォルダー内のファイルリストを取得する

現在のストレージの状況を調べるような処理を作成したい場合、必要となるのが「フォルダーにあるファイルの一覧を取得する」という機能でしょう。これがあれば、現在、どのようなファイルが保存されているのか、またそれらのファイルがどういうものなのか調べることができます。それに応じた処理を作ることも可能になるでしょう。

こうした「フォルダー内のファイルリスト」を得るためのアクションとしては、ストレージコネクタには以下の2つのものが用意されています。

●「フォルダー内のファイルのリスト」

フォルダーを指定すると、そのフォルダー内にあるファイルやフォルダーの情報を配列にまとめて取得します。

●「ルートフォルダー内のファイルのリスト」

ルート(ストレージのドライブを開いた直下)にあるファイルやフォルダーの情報を配列にまとめて取得します。

　これらはいずれもファイルやフォルダーの情報をオブジェクトにまとめ、「オブジェクトの配列」として取り出します。オブジェクトの中には名前やパス、サイズなどファイルに関する情報がまとめられています。ここから「Apply to each」を使ってオブジェクトを取り出し、必要な情報を処理していけばいいのです。

　なお、Boxについては、これらのアクションの名前が「……ファイルのリスト」ではなく「ファイルとフォルダーのリスト」になっています。名前は違いますが、用意されている機能は同じと考えていいでしょう。

図6-69：ストレージに用意されている2つのファイル一覧の取得アクション。

ストレージ内のファイルをExcelに出力

　実際にこれらのアクションを利用して、ストレージ内にあるファイルのリストをExcelのテーブルに書き出してみましょう。

　まずはExcelのワークブックにテーブルを用意しましょう。新しいワークシートを開き、A1セルから以下のように列名を記入していきます。

ファイル名	ID	更新日時	種類	サイズ	フォルダー

　これらA1〜F1セルの範囲を選択し、「挿入」メニューから「テーブル」を選択して作成します。

　そして「テーブルデザイン」メニューからテーブル名を「ファイルリスト」と変更しておきます。

図6-70：「ファイルリスト」テーブルを用意する。

フローを作成する

　フローを作成しましょう。今回は一般的なインスタントクラウドフローとして作成をします。以下のように設定を行ってください。

フロー名	ドライブフロー5
このフローをトリガーする方法を選択します	手動でフローをトリガーします

図6-71：インスタントクラウドフローを作成する。

「ルートフォルダー内のファイルのリスト」を用意

「新しいステップ」をクリックし、アクションを作成しましょう。ストレージコネクタから「ルートフォルダー内のファイルのリスト」アクションを選択してください。サンプルでは「Google Drive」コネクタを使いますが、その他のストレージコネクタであってもかまいません。

図6-72：「ルートフォルダー内のファイルのリスト」を選択する。

作成されたアクションは、設定項目などは特にありません。配置するだけで、ストレージのルート（ドライブを開いた直下）にあるファイルとフォルダーをすべて取得します。

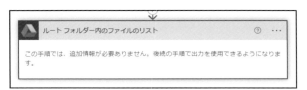

図6-73：配置したアクション。設定などは特にない。

ファイルを繰り返し処理する

アクションでは、ファイルの情報をまとめたオブジェクトが配列として取り出されます。したがって、これを処理するには「Apply to each」を使う必要があります。

では、「新しいステップ」をクリックして「コントロール」の「Apply to each」を追加しましょう。

図6-74：「Apply to each」を作成する。

　作成したら、「以前の手順から出力を選択」の設定項目に「body」という動的コンテンツを入力します。これは「ルートフォルダー内のファイルのリスト」下に用意されているもので、このアクションで取得したファイル情報のオブジェクト配列が保管されています。

図6-75：設定項目に「body」を入力する。

Excelのテーブルに出力する

　では、取得したファイルの情報をExcelのテーブルに出力するアクションを用意しましょう。「Excel Online(OneDrive)」コネクタから「表に行を追加」アクションを選択してください。

図6-76：「表に行を追加」アクションを追加する。

　作成されたアクションには「ファイル」と「テーブル」の設定項目があります。これらを「サンプルブック.xlsx」「ファイルリスト」に設定すると、下に各列の項目が追加されます。ここに以下のように動的コンテンツを入力していきましょう。

ファイル名	[Name]
ID	[Id]
更新日時	[LastModified]
種類	[MediaType]
サイズ	[Size]
フォルダー	[IsFolder]

　これらはすべて動的コンテンツのパネルの「ルートフォルダー内のファイルのリスト」下に用意されています。なお、GoogleドライブやDropbox、Boxなどのアクションでは、これらはすべて英語になっていますが、OneDriveの場合は日本語化されています。動的コンテンツの名前は英語と日本語で違いますが、内容は同じものです。

図6-77：アクションの設定項目に動的コンテンツを設定していく。

動作を確認する

　完成したらフローを保存し、実際に動かしてみましょう。フローが終了したら、「サンプルブック」を開いて「ファイルリスト」テーブルの内容を確認しましょう。ストレージサービスのルートにあるファイル情報が書き出されているのがわかるでしょう。

　ここではファイルの情報をいろいろと利用していますが、中でも注目してほしいのが「IsFolder」です。これはその項目がフォルダーかどうかを示す値で、フォルダーの場合はTrue、そうでない場合（ファイル）はFalseになります。その場にあるフォルダーの中身を調べたければ、IsFolderがTrueかどうかをチェックし、Trueであれば「フォルダー内のファイルのリスト」アクションを使ってその項目内のファイルを取得し処理すればいいわけですね。

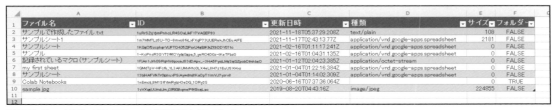

図6-78：Excelのテーブルにファイル情報が出力されている。

Chapter 6

6.3.

OneDriveの独自機能

外部サイトのファイルをダウンロードする

　ストレージ関係のコネクタは、基本機能のアクションはほぼ同じように用意されています。しかし、それがすべてというわけではありません。

　MicrosoftのOneDrive用のコネクタは、さすがPower Automateの開発元というべきか、基本的アクション以外にもいろいろな機能が用意されています。これらの使い方を簡単に触れておきましょう。

　まずはファイルのダウンロード機能からです。OneDriveには特定のURLからファイルをダウンロードし、OneDriveにアップロードするためのアクションが用意されています。これを利用することで、外部からファイルをOneDriveにダウンロードできるのです。使いようによってはいろいろと便利な利用ができそうですね。

フローの作成

　では、実際に使ってみましょう。まずは新しいフローを用意します。今回もインスタントクラウドフローとして作成しましょう。設定は以下の通りです。

フロー名	ドライブフロー6
このフローをトリガーする方法を選択します	手動でフローをトリガーします

図6-79：インスタントクラウドフローを作成する。

「URLからのファイルアップロード」アクション

　指定のURLのファイルをOneDriveにアップロードするアクションを作成しましょう。これは「Excel Online(OneDrive)」コネクタの「URLからのファイルアップロード」というアクションです。これを追加してください。

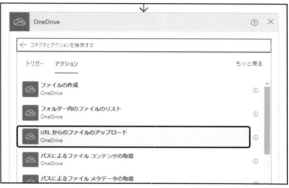

図6-80：Excel Onlineからアクションを追加する。

　作成したアクションには3つの設定項目が用意されています。これらはそれぞれ以下のような役割を果たしています。

ソールURL	アクセスするURL
対象ファイルのパス	アップロードするファイルのパス
上書きする	すでにファイルがあった場合、上書きするかどうか

　これで「ソースURL」のアドレスにアクセスしてファイルをダウンロードし、それを「対象ファイルのパス」に指定したパスにアップロードします。今回は以下のように設定を行いましょう。

ソールURL	https://picsum.photos/200
対象ファイルのパス	/イメージ/[タイムスタンプ].jpg
上書きする	いいえ

　ここでは「Lorem Picsum」というWebサイトからファイルを取得しています。Lorem Picsumはダミーのイメージを配布しているところで、https://picsum.photos/200にアクセスすると、200x200ドットの大きさでイメージをランダムに表示します。保存するファイル名は、「イメージ」というフォルダー内にタイムスタンプを使った名前で保存するようにしています。

図6-81：アクションの設定を行う。

　フローができたら保存し、実行してみてください。これでOneDriveの「イメージ」フォルダー内にJPEGイメージのファイルが保存されます。何度か実行してみると、タイムスタンプを使ってちゃんと異なるファイル名でイメージファイルが追加されていくのがわかるでしょう。

図6-82：外部サイトからイメージファイルをアップロードする。

C　　O　　L　　U　　M　　N

実は「ファイルのコピー」でもできる!

外部のサイトからURLを指定してファイルをアップロードできるのは非常に強力な機能ですね。これはOneDriveだけしか使えないのか……と思った人。実は、そうでもありません。Googleドライブ、Dropbox、Boxでも同様のことはできるのです。
それは、すでに説明した「ファイルのコピー」アクションを使うのです。このアクションの「ソースURL」の項目にアクセスするサイトのURLを記入すれば、そのアドレスにアクセスして取得したファイルをストレージ内に保存します。

ファイルの移動とリネーム

　ストレージコネクタには、ファイルの作成、コピー、削除といったアクションはありましたが、なぜか「移動」がありませんでした。OneDriveには移動とリネーム（名前変更）のためのアクションが用意されています。これを使うことでファイルを移動し、整理するフローを作れるようになります。
　簡単なフローを作ってみましょう。今回もインスタントクラウドフローを作ります。

フロー名	ドライブフロー7
このフローをトリガーする方法を選択します	手動でフローをトリガーします

図6-83：インスタントクラウドフローを作成する。

フローには、まずルートフォルダーのリストを取得するアクションを用意します。「OneDrive」コネクタから「ルートフォルダー内のファイルのリスト」アクションを選択してください。

図6-84:「ルートフォルダー内のファイルのリスト」を追加する。

作成されたアクションには、設定などは特にありません。ただ配置するだけでOKです。

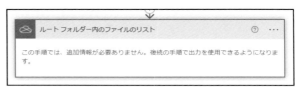

図6-85:アクションを追加したところ。

テキストファイルを繰り返し処理する

取り出したファイルの配列を処理していきましょう。「新しいステップ」をクリックし、「コントロール」内の「Apply to each」アクションを追加します。

図6-86:「Apply to each」を追加する。

作成したアクションの「以前の手順から出力を選択」には、動的コンテンツのパネルの「ルートフォルダー内のファイルのリスト」下にある「body」を追加します。これで、取得したファイルの配列を繰り返し処理します。

図6-87:「body」を設定する。

テキストファイルだけを処理するには？

　繰り返し内では、取り出したファイル情報から「テキストファイル」かどうかをチェックして処理をします。「Apply to each」内にある「アクションの追加」をクリックして、「コントロール」内にある「条件」アクションを選択してください。

図6-88：「条件」を追加する。

　条件を設定します。まず、リストからフォルダーを除外しましょう。条件の3つの項目を以下のように設定してください。

[フォルダーですか?]	次の値に等しい	[false]			

　右側の値の「false」は、ここでは式として入力してあります。「フォルダーですか?」のように、「はい」「いいえ」のいずれかしかない値は「真偽値」と呼ばれます。値を取り出すと、TRUEまたはFALSEのいずれかの値になります。

　ただし、項目に直接「TRUE」と書くと、例えば値が「True」として得られたりするとうまく認識できない場合もあるかもしれません。そこで「trueという値」を指定するために、動的コンテンツのパネルを「式」に切り替え、「true」という値を記入してOKします。これで項目には「trueというテキスト」ではなく、「trueという値」が設定されます。

図6-89：条件を設定する。

2つ目の条件を追加する

　ここではもう1つ「テキストファイル化どうか」をチェックする条件を追加します。「追加」というところをクリックし、現れた「行の追加」という項目を選択します。

図6-90：「行の追加」メニューを選ぶ。

新しい条件の項目が追加されます。ここに以下のように項目を入力していきます。

[メディアの種類]	次の値に等しい	text/plain			

これで、テキストファイルの場合にのみ処理が実行されるようになります。後は、「はいの場合」にファイルを移動する処理を用意するだけです。

図6-91：メディアタイプが「text/plain」かどうかチェックを追加する。

「パスを使用したファイル移動または名前変更」アクション

ファイルを移動するアクションを作成します。「はいの場合」にある「アクションの追加」をクリックし、「OneDrive」内にある「パスを使用したファイル移動または名前変更」というアクションを選択してください。

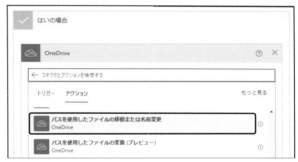

図6-92：OneDriveからアクションを選ぶ。

アクションの設定項目

このアクションには3つの設定項目が用意されています。これらは、それぞれ以下のような役割を果たします。

ファイルパス	操作するファイルのパスを指定します。
対象のファイルパス	移動先のファイルパスを指定します。移動先のファイル名も含みます。これの指定により、別の名前に変えることもできます。
上書きする	同名のファイルがすでにある場合、上書きするかどうかを指定します。

ファイルを移動するかリネームするかは、ひとえに「対象のファイルパス」の設定にかかっています。この移動先のパスとして、元のファイルとは違う名前を指定しておくと、その名前にファイルが変更されるのです。この3つの設定項目を以下のように変更しましょう。

ファイルパス	[パス]
対象のファイルパス	/テキスト/[名前]
上書きする	いいえ

ファイルパスには「ルートフォルダー内の
ファイルのリスト」で取得したファイルのパ
スを示す動的コンテンツを用意しています。
そして移動先となる「対象のファイルパス」
には、/テキスト/という値の後に「名前」動
的コンテンツを指定します。これにより、「テ
キスト」というフォルダーの中に同じ名前で
ファイルが移動します。

図6-93：アクションに設定をする。

実行して動作を確認

実行しても、今回のフローでは何も表示さ
れません。しかし、OneDriveのファイルは
移動しているはずです。

OneDriveを開いてすぐのところにファイ
ルがいくつか用意されているでしょう。それ
らのファイルからテキストファイルだけを
ピックアップし、「テキスト」フォルダーの中
に移動します。このように、フォルダー内に
あるファイルを配列で取得し、その値に応じ
て処理を行うというフローは、さまざまな応
用ができます。用意した条件や実行するアク
ションを変更することで、また違った処理を
行えるようになります。

図6-94：テキストファイルがすべて「テキスト」フォルダーの中に移動する。

フォルダー内からファイルを検索する

OneDriveには標準でファイルの検索機能が用意されていますが、この機能を使ったファイル検索もアク
ションとして利用することができます。「パスによるフォルダー内のファイル検索」というもので、これに
よりファイル名からの検索や、ファイルの中身まで含めた検索が行えるようになります。

では、これも実際にフローを作って使い方
を説明しましょう。新しいインスタントクラ
ウドフローを作成してください。設定は以下
のようにします。

フロー名	ドライブフロー8
このフローをトリガーする方法を選択します	手動でフローをトリガーします

図6-95：インスタントクラウドフローを作成する。

作成したら、トリガーの「手動でフローをトリガーします」にある「入力の追加」をクリックして入力項目を作成しましょう。ここでは「検索」というテキスト入力項目を1つだけ作成しておきます。これで検索テキストを入力するようにします。

図6-96：「検索」入力項目を追加する。

「パスによるフォルダー内のファイル検索」アクション

では、検索のアクションを作成しましょう。「OneDrive」コネクタから「パスによるフォルダー内のファイル検索」アクションを選択し、フローに追加してください。

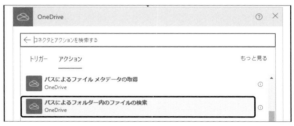

図6-97：アクションを追加する。

このアクションには3つの設定項目があります。それぞれ以下のような役割を果たしています。

検索クエリ	検索する値を指定します。普通のテキストや検索演算子を使った式などを入力します。
フォルダーのパス	検索する場所（フォルダー）のパスを指定します。
ファイル検索モード	検索の方式を選びます。「OneDriveSearch」ではOneDriveの検索機能を使い、「Pattern」では正規表現によるパターン検索を行います。

では、項目の設定を行いましょう。ここではOneDrive内にある「ドキュメント」というフォルダー内を検索する形で設定します。他のフォルダーを検索させたい場合は、それぞれの環境に応じてフォルダーのパスを修正してください。

図6-98：検索の設定を行う。

検索クエリー	[検索]
フォルダーのパス	/ドキュメント
ファイル検索モード	OneDriveSearch

検索結果を繰り返し処理する

検索された結果を繰り返し処理しましょう。「新しいステップ」で「コントロール」から「Apply to each」を選択してください。

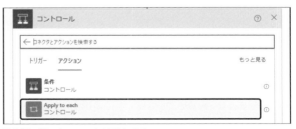

図6-99：「Applyto each」を追加する。

作成されたアクションの「以前の手順から出力を選択」をクリックし、「body」動的コンテンツを設定します。これはトリガーである「手動でフローをトリガーします」に用意されています。

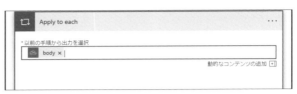

図6-100：繰り返し処理する値を指定する。

ファイルをコピーする

今回は、検索されたファイルを「検索結果」というフォルダーにコピーするようにしてみましょう。「Apply to each」内の「アクションの追加」をクリックし、「OneDrive」コネクタから「パスを使用したファイルのコピー」アクションを選択します。

図6-101：ファイルのコピーのアクションを追加する。

追加したアクションには3つの設定項目があります。これらを以下のように設定してください。

ファイルパス	/ドキュメント/[名前]
対象ファイルのパス	/検索結果/[名前]
上書きする	いいえ

ここでは「ドキュメント」フォルダーを検索しているため、/ドキュメント/[名前]というようにしてファイルのパスを指定しています。コピー先は/検索結果/[名前]とし、「検索結果」フォルダーにファイルをコピーします。

図6-102：ファイルのコピーの設定を行う。

C O L U M N

日本語のフォルダーに注意！

ここでは、/ドキュメント/[名前]というようにフォルダー名の後にファイル名を付けてコピー元のファイルを指定していました。しかし、「ファイルのパスをそのまま使えばいいのでは？」と思った人もいたことでしょう。2021年秋現在の「パスによるフォルダー内のファイル検索」アクションでは、フォルダー名が日本語だとパスのフォルダー名の部分が正しく値を得られない現象が確認できています。このため、「パス」の動的コンテンツを使うと「ファイルが存在しない」というエラーになってしまいます。そこで今回はフォルダー名を直接テキストで記述していた、というわけです。

この不具合は、今後のアップデートにより解消すると期待できます。問題が解決したなら、「パスを使用したファイルのコピー」のファイルパスには「パス」の動的コンテンツをそのまま指定すればいいでしょう。

動作を確認する

　完成したらフローを保存し、動かしてみましょう。検索テキストを尋ねてくるので、これを記入すれば、ファイル検索を実行します。

図6-103：検索テキストを記入して実行する。

　実行したら、OneDriveを開いて中を確認しましょう。「検索結果」というフォルダーが作成され、その中に検索結果を含むファイルがコピーされているのがわかるでしょう。

　今回は、単純にファイルをコピーしているだけなので、続けて実行する場合は、その前に「検索結果」フォルダーを削除しておく必要があります。もう少し使いやすくしたいなら、検索時に「検索結果」フォルダーを削除してからファイルコピーをするようにしておくとよいでしょう。

図6-104：「検索結果」フォルダーにファイルがコピーされた。

ファイルの変換について

　OneDriveには覚えておくと非常に役に立つアクションがあります。それは「ファイルの変換」です。2021年秋の時点でまだプレビュー版なのですが、ほぼ問題なく動作しますので、ぜひ使ってみましょう。

　このアクションは、よく利用されるファイルを別のフォーマットのファイルに変換するものです。サポートしているのは、PDF、HTML、JPEGといったファイルで、以下のファイルをこれらに変換することができます。

PDFファイル	doc, docx, epub, eml, htm, html, md, msg, odp, ods, odt, pps, ppsx, ppt, pptx, rtf, tif, tiff, xls, xlsm, xlsx
HTMLファイル	eml, md, msg
glbファイル	cool, fbx, obj, ply, stl, 3mf
JPEGファイル	3g2, 3gp, 3gp2, 3gpp, 3mf, ai, arw, asf, avi, bas, bash, bat, bmp, c, cbl, cmd, cool, cpp, cr2, crw, cs, css, csv, cur, dcm, dcm30, dic, dicm, dicom, dng, doc, docx, dwg, eml, epi, eps, epsf, epsi, epub, erf, fbx, fppx, gif, glb, h, hcp, heic, heif, htm, html, ico, icon, java, jfif, jpeg, jpg, js, json, key, log, m2ts, m4a, m4v, markdown, md, mef, mov, movie, mp3, mp4, mp4v, mrw, msg, mts, nef, nrw, numbers, obj, odp, odt, ogg, orf, pages, pano, pdf, pef, php, pict, pl, ply, png, pot, potm, potx, pps, ppsx, ppsxm, ppt, pptm, pptx, ps, ps1, psb, psd, py, raw, rb, rtf, rw1, rw2, sh, sketch, sql, sr2, stl, tif, tiff, ts, txt, vb, webm, wma, wmv, xaml, xbm, xcf, xd, xml, xpm, yaml, yml

　PDFは、Office 365関連のファイルはたいてい対応しています。またJPEGは、一般的に広く利用されているフォーマットであればたいていのものが対応していると考えていいでしょう。

Officeファイルを PDFに自動変換

　このアクションを利用して、OneDriveにExcelやWordなどの Microsoft Office関連のファイルをアップロードしたら自動的にPDFに変換するフローを作成してみましょう。

　まずフローを作成します。今回は「自動化したクラウドフロー」を作成します。以下のように設定を行ってください。

フロー名	ドライブフロー9
フローのトリガーを選択してください	ファイルが作成されたとき(プロパティのみ)

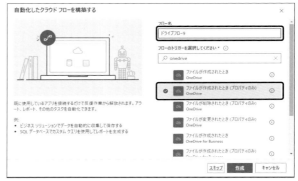

図6-105：新たに「自動化されたクラウドフロー」を作る。

　フローが作成されたら、トリガーの「フォルダー」に監視するフォルダーを指定しておきましょう。今回はルート(「/」というパス)を指定しておくことにします。

図6-106：フォルダーを指定する。

条件を用意する

　新たに作成されたファイルがOfficeのファイルであれば、ファイル変換を行います。これをチェックするため、条件を用意しましょう。

　「新しいステップ」をクリックし、「コントロール」から「条件」を選択してください。

　作成されたアクションの条件を設定します。設定項目を以下のように入力してください。

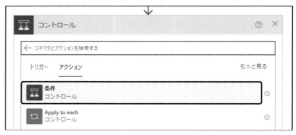

図6-107：「条件」を追加する。

[メディアタイプ]	次のもので始まる	application/vnd.openxmlformats-officedocument

Microsoft Officeのファイルは、メディアタイプがapplication/vnd.openxmlformats-officedocument.〜という形になっています。それがExcelなら、その後にspreadsheetml.sheetと続きますし、Wordなら、

wordprocessingml.documentとなります。

したがって、メディアタイプがapplication/vnd.openxmlformats-officedocument.で始まっているなら、それはOfficeのファイルであると判断できるわけです。

図6-108：条件でメディアタイプをチェックする。

「ファイルの変換」アクションを使う

ファイルの変換を行いましょう。条件の「はいの場合」にある「アクションの追加」をクリックし、「OneDrive」コネクタから「ファイルの変換（プレビュー）」アクションを選択します。

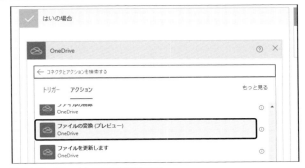

図6-109：「ファイルの変換」を選択する。

このアクションには2つの設定項目があります。変換するファイルの指定と、変換するフォーマットの指定です。今回は以下のように設定しておきます。

ファイル	[ID]
ターゲットの種類	PDF

ファイルの指定は、「ファイルが作成されたとき（プロパティのみ）」トリガーで用意されている動的コンテンツを使います。これで、トリガーが呼び出される要因となったファイルがPDFに変換されます。

図6-110：アクションの設定を行う。

変換データをファイルに保存する

「ファイルの変換」アクションを利用するとき、注意してほしいのは「このアクションでは、ファイルは作成されない」という点です。これはファイルのコンテンツを指定のフォーマットに変換するものです。したがって、この後で「ファイルの作成」アクションを使って、変換されたコンテンツをファイルに保存する必要があります。

では、「OneDrive」コネクタから「ファイルの作成」アクションを選択して追加しましょう。

作成したら、設定項目に必要な値を入力します。これらは動的コンテンツのパネルにある「ファイルの変換」下にあるものです。同様のものが他のところにもありますので、間違えないようにしてください。

フォルダーのパス	/ (ルートを指定)
ファイル名	[ファイル名]
ファイルコンテンツ	[ファイルコンテンツ]

図6-111：「ファイルの作成」アクションを追加する。

動作を確認する

すべてできたら、フローを保存し実際に動作を確認しましょう。今回は、ファイルを新たに作成した際に自動実行されるフローです。

図6-112：アクションの設定を行う。

テスト実行して待ち状態になったら、OneDriveにExcelかWordのファイルをアップロードしてください。フローが実行され、PDFファイルが作成されます。これも無料アカウントでは約15分間隔でチェックされるので、頻繁にファイルを追加したり削除したりを繰り返すと取りこぼす可能性があります。

図6-113：Wordファイルをアップロードしたら、PDFが作成される。

トリガーをうまく活用しよう

ストレージ関係の機能は、基本的なアクションだけでもそれなりに役立つものが作成できます。特にファイルリストを取得して処理をするようなフロー（ファイルをバックアップしたり、移動したり、ファイル情報をどこかに書き出したりなど）は、いろいろと用意しておくと便利でしょう。

それ以上に便利なのは、ストレージのトリガーを利用する「自動化したクラウドフロー」でしょう。ファイルの作成や更新が行われると自動的に処理が実行されるタイプのフローです。これを作成することで、黙っていてもファイルやフォルダーをアップロードするたびに自動的に必要な処理が行われるようになります。

ストレージコンテナのトリガーはGoogleドライブには用意されていないため、これに限っては他のストレージを活用することを考えるべきでしょう。

Chapter 7

外部サイトのデータを利用する

外部のサービスからデータを取得して利用する方法について考えましょう。
ここでは外部サービスの代表として「Twitter」の基本的な使い方を説明します。
またRSSやJSONのデータの使い方をマスターし、
Premium機能である「カスタムコネクタ」の作成と利用について説明をしていきます。

<table>
<tr><td>Chapter
7</td><td># 7.1.

Twitterを利用する</td></tr>
</table>

Twitterのタイムライン

　外部のWebサービスと簡単に連携して処理を行えるのがPower Automateの大きなメリットの1つです。そうした外部のWebサービスから、各種の情報を扱うものを中心にいくつか取り上げていきましょう。まずはTwitterからです。

　Twitterを利用してさまざまな情報を得ている人は非常に多いでしょう。そうした情報を自動化して処理できればずいぶんと便利ですね。

　Twitterのコネクタには、Twitterから情報を得るためのアクションが多数用意されています。それらを利用することで、Power AutomateからTwitterの情報を利用できます。ただし、そのためには当然ですがTwitterのアカウントを持っており、そのアカウントにコネクタから接続する必要があります。Twitterアカウントがない人は利用できないので注意してください。

タイムラインの取得フロー

　基本として「タイムライン」の取得を行ってみましょう。Twitterのタイムラインは2種類あります。「ユーザータイムライン」と「ホームタイムライン」です。

ユーザータイムライン	特定のユーザーが投稿したツイートをまとめたもの。
ホームタイムライン	自分がフォローしているユーザーのツイートをまとめたもの。

　Twitterにアクセスしてツイートが流れてくるタイムラインは「ホームタイムライン」になります。まずはこれを利用してみましょう。

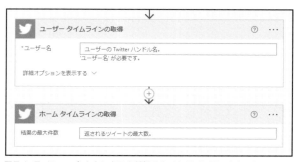

図7-1：Twitterコネクタにある2種類のタイムライン用アクション。

フローの作成

　最初に新しいフローを用意します。「マイフロー」で新しいインスタントクラウドフローを作成してください。設定は以下のようにします。

フロー名	Twitter フロー 1
このフローをトリガーする方法を選択します	手動でフローをトリガーします

図7-2：新しいフローを作成する。

　フローが作成されたら「新しいステップ」をクリックしてTwitterのアクションを追加します。アクション選択のパネルにあるフィールドに「twitter」と入力すると、「Twitter」コネクタが検索されますので、これを選択してください。

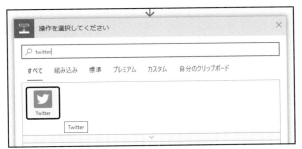

図7-3：「Twitter」コネクタを検索して選択する。

　検索した「Twitter」コネクタから「ホームタイムラインの取得」アクションを選択してください。

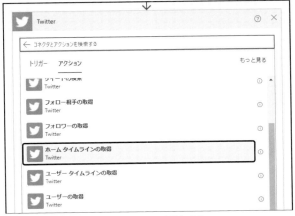

図7-4：ホームタイムラインのアクションを追加する。

Twitterにサインインする

追加されたアクションには「認証の種類」
という設定項目と、「サインイン」ボタンが表
示されています。まだTwitterに接続されて
いないためです。認証の種類はデフォルトの
「共有済みの限定アプリケーションを使用す
る」が選択された状態のままにしておきます。
そして「サインイン」ボタンをクリックして
ください。

「Microsoft Power Platformにアカウン
トへのアクセスを許可しますか？」というウ
インドウが現れます。ここで「ユーザー名」
と「パスワード」にTwitterアカウントの名前
とパスワードを入力し、「連携アプリを認証」
ボタンをクリックしてください。

図7-5：「サインイン」ボタンをクリックする。

図7-6：ユーザー名とパスワードを入力し連携アプリを認証」ボタンをクリックする。

アカウントに登録されている携帯電話に
ショートメッセージが届きます。そこに書か
れている認証コードを記入し、「ログイン」ボ
タンをクリックします。

図7-7：認証コードを送信する。

再度確認の表示が現れます。「連携アプリを認証」ボタンをクリックすれば認証され、Twitterに接続されます。

図7-8：「連携アプリを認証」ボタンをクリックする。

アクションの設定

ウインドウが消え、「ホームタイムラインの取得」の表示が変わります。「結果の最大件数」という設定項目が表示されるので項目数を入力しましょう。ここでは「20」にしておきます。

これで、ホームタイムラインから指定した数だけツイートが取得されます。

図7-9：最大件数を入力する。

ツイートをExcelのテーブルに出力

ホームタイムラインに取得したツイートの利用を考えましょう。ここではデータから必要なものを取り出して、Excelに保存していくことにします。

ここまで利用してきた「サンプルブック」ワークブックをExcel Onlineで開いてください。新しいシートを作成し、A1セルから順に以下のように項目名を記述します。

作成日時	ツイート	アカウント	ID		

記述したら、A1〜D1を選択し、「挿入」メニューから「テーブル」を選んでテーブルを追加します。「デーブルデザイン」メニューを選び、テーブル名を「TweetTable」と変更しておきましょう。

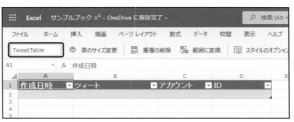

図7-10：Excelのワークブックに「TweetTable」テーブルを作成する。

「Apply to each」アクションを追加

取得したツィートは配列にまとめられているので、「Apply to each」を使って繰り返し処理をします。

「新しいステップ」をクリックし、「コントロール」内にある「Apply to each」アクションを選択してください。

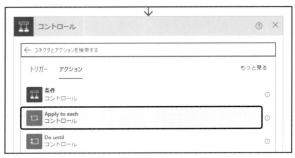

図7-11：「Apply to each」アクションを追加する。

「以前の手順から出力を選択」フィールドをクリックし、動的コンテンツのパネルから、「ホームタイムラインの取得」下にある「body」を選択してください。

図7-12：動的コンテンツの「body」を選択する。

「表に行を追加」アクションの追加

続いて、繰り返し内にテーブルに行を追加するアクションを作成しましょう。「Apply to each」から「アクションの作成」をクリックし、現れたパネルで「表に行を追加」を選択します。

図7-13：「表に行を追加」を作成する。

作成されたアクションの「ファイル」のフォルダーアイコンをクリックし、「サンプルブック」を選択します。そして下の「テーブル」から「TweetTable」を選択してください。

図7-14：ファイルとテーブルを選択する。

テーブルの下に、TweetTableに用意された各列の項目が追加されます。これらの項目を以下のように設定していきましょう。

作成日時	[作成日時]
ツイート	[ツイートテキスト]
アカウント	[ツイート作成者]
ID	[ツイートのID]

これらの動的コンテンツは、すべて「ホームタイムラインの取得」下に並んでいます。これらに動的コンテンツをドラッグして追加していきます。

図7-15：ツイートの情報をテーブルに書き出す。

動作を確認する

フローが完成したら実行してみましょう。ここではホームホームラインに投稿されたツイートの情報が表示されます。フローを実行し、Excelの「TweetTable」テーブルを見てみましょう。投稿日時、ツイートしたテキスト、投稿者、ツイートに割り当てられるIDといったものがテーブルに書き出されているのがわかります。

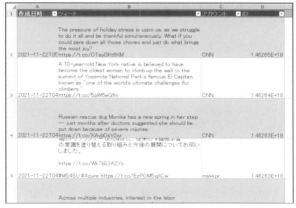

図7-16：テーブルにツイート情報が書き出される。

取得されるツイート情報

ここでは「ホームタイムラインの取得」で取得したツイート情報の配列から値を取り出してテーブルに書き出しています。ツイートから得られる情報は動的コンテンツから得ることができますが、どのような情報が得られるのでしょうか？

フローの実行結果を表示する画面で「ホームタイムラインの取得」をクリックして展開すると、Twitter側から受け取ったツイート情報がどのようなものか見ることができます。

図7-17：実行結果を見ることができる。

このアクションの「出力」に表示されている内容を見ると、以下のようなツイート情報が配列にまとめられて渡されていることがわかるでしょう。

▼リスト7-1

```
{
    "TweetText": ツイートしたテキスト ,
    "TweetId": ツイート ID 番号 ,
    "CreatedAt": 作成日時 ,
    "CreatedAtIso": ISO形式の日時 ,
    "RetweetCount": リツイート数 ,
    "TweetedBy": ツイートしたアカウント ,
    "MediaUrls": [ メディ他の URL ],
    "TweetLanguageCode": 言語コード ,
    "TweetInReplyToUserId": リプライユーザー ID,
    "Favorited": いいねの ON/OFF,
    "UserMentions": [ ユーザーメンション ],
    "UserDetails": {
        "FullName": 名前 ,
        "Location": 場所 ,
        "Id": ユーザー ID,
        "UserName": アカウント名 ,
        "FollowersCount": フォロワー数 ,
        "Description": 自己紹介文 ,
        "StatusesCount": ステータス数 ,
        "FriendsCount": フォローユーザー数 ,
        "FavouritesCount": いいね数 ,
        "ProfileImageUrl": プロファイルイメージの URL
    }
},
```

これらが動的コンテンツとして取り出され、利用できるようになっていたのですね。得られる値のそれぞれの役割がわかれば、取り出した情報をどう利用すればいいかもわかってくるでしょう。

　ツイートにはツイートの内容だけでなく、ツイートしたユーザーのアカウント情報もいろいろと渡されていることがわかります。ユーザーのフォロワー数などまで情報として得られるようになっているのですね。

C O L U M N

Power Automate は「JSON」でやり取りする

ツイートの出力内容を見て気がついたことでしょうが、この情報は JavaScript のオブジェクトを記述するのに使われる「JSON」のフォーマットになっています。Twitter のアクションに限らず、Power Automate ではすべての入出力は JSON 形式で JavaScript のオブジェクトとしてやり取りされているのです。
フローを実行したら実行結果のところで各アクションを展開し、入出力の値を見てみましょう。すると、どのような情報がどういう形で送受されているのかがよくわかるでしょう。

フォロワー情報の取得

　Twitterから得られる情報としてはツイートした内容だけでなく、フォロワーやフォローしているユーザーの情報などもあります。これらを取り出してみましょう。まず、取り出した情報を出力するテーブルを用意します。Excelの「サンプルブック」ワークブックを開き、以下の2つのテーブルを作成してください。

「フォロワー」テーブル	「フォロワー」「自己紹介」の2つの列を用意。
「フォロー」テーブル	「フォロー」「自己紹介」の2つの列を用意。

　これらに、ユーザーのフォロワーとフォローしているユーザーを取り出し出力します。

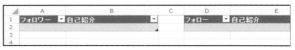

図7-18：2つのテーブルを用意する。

　「マイフロー」から新しいフローを作成しましょう。今回は以下のようにフローを設定します。

フロー名	Twitterフロー2
このフローをトリガーする方法を選択します	手動でフローをトリガーします

図7-19：新しいフローを作成する。

　フローを作成したら「入力の追加」をクリックして、テキストの入力項目を作成してください。タイトルは「ユーザー」としておきましょう。

図7-20:「ユーザー」入力項目を作る。

フォロワーの取得

　アクションを作成しましょう。「新しいステップ」をクリックし、「Twitter」コネクタから「フォロワーの取得」というアクションを選択してください。

図7-21:「フォロワーの取得」を追加する。

　「フォロワーの取得」は指定したユーザーのフォロワーを取り出すためのものです。作成すると、「ユーザー名」という設定項目が表示されます。ここに調べたいユーザー名を入力すると、そのユーザーのフォロワーを取得します。今回は、ここに「手動でフローをトリガーします」下にある「ユーザー」を設定しておきます。入力項目で入力した値の動的コンテンツです。

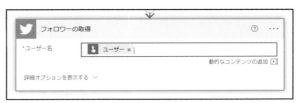

図7-22:動的コンテンツをユーザー名に指定する。

フォロー相手の取得

続いて、もう1つアクションを作成しましょう。「新しいステップ」をクリックし、「Twitter」コネクタから「フォロー相手の取得」というアクションを選択します。

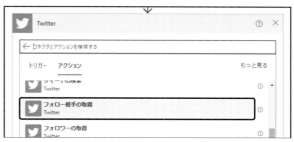

図7-23：「フォロー相手の取得」を追加する。

これは、指定したユーザーがフォローしている相手を取り出すためのものです。アクションには「ユーザー名」という設定項目が用意されており、調べたいユーザー名を入力します。

ここでも先ほどと同様に、「ユーザー」動的コンテンツを設定しておきます。

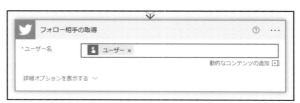

図7-24：動的コンテンツをユーザー名に指定する。

フォロワーをテーブルに出力する

取得した情報をExcelに出力しましょう。まず、「フォロワーの取得」で得た情報を「フォロワー」テーブルに書き出します。

① 「コントロール」の「Apply to each」アクションを追加し、設定項目に「フォロワーの取得」にある「body」を追加します。

② 「Apply to each」内に「Excel Online(OneDrive)」コンテナの「表に行を追加」アクションを追加し、以下のように設定を行います。

ファイル	サンプルブック
テーブル	フォロワー
フォロワー	ユーザー名（「フォロワーの取得」にあるもの）
自己紹介	説明（「フォロワーの取得」にあるもの）

図7-25：「Apply to each」に「表に行を追加」を用意する。

フォロー相手をテーブルに出力する

続いて、フォローしている相手の情報をExcelのテーブルに出力します。

1️⃣「コントロール」の「Apply to each」アクションを追加し、設定項目に「フォロー相手の取得」にある「body」を追加します。

2️⃣「Apply to each」内に「Excel Online(OneDrive)」コンテナの「表に行を追加」アクションを追加し、以下のように設定を行います。

ファイル	サンプルブック
テーブル	フォロワー
フォロワー	ユーザー名(「フォロー相手の取得」にあるもの)
自己紹介	説明(「フォロー相手の取得」にあるもの)

図7-26:「Apply to each」に「表に行を追加」を用意する。

動作を確認する

完成したらフローを保存し実行しましょう。ユーザー名を入力する表示が現れるので、調べたいユーザー名を記入します。

図7-27:調べたいユーザー名を入力する。

問題なくフローが終了したらExcelを開き、「フォロワー」「フォロー」の2つのテーブルを確認しましょう。入力したユーザーのフォロワーとフォロー相手の情報がテーブルに出力されています。

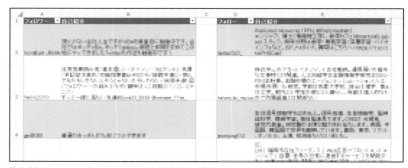

図7-28:フォロワーとフォロー相手の情報がテーブルに出力される。

ツイートする

Power Automateから自動でツイートすることもできます。これも簡単なフローを作成してみましょう。新しいフローを以下のように用意してください。

フロー名	Twitterフロー3
このフローをトリガーする方法を選択します	手動でフローをトリガーします

作成後、トリガーの「入力の追加」をクリックして以下の2つの入力項目を用意しておきましょう。

ツイート	テキストの入力項目。

図7-29：フローを作成し、「ツイート」入力項目を用意する。

ツイートの投稿

「新しいステップ」をクリックし、「Twitter」コネクタから「ツイートの投稿」というアクションを追加してください。

図7-30：「ツイート投稿」を追加する。

作成した「ツイートの投稿」がツイートを行うためのアクションです。これには2つの設定項目が用意されています。

ツイートテキスト	ツイートするテキストを指定します。「ツイート」動的コンテンツを設定しておきます。
メディア	ツイートに添付するイメージを指定します。「イメージ」動的コンテンツを指定します。

値に設定している動的コンテンツは、いずれもトリガーに用意した入力項目の値です。これらをそのまま使ってツイートを行います。

図7-31：「ツイートの投稿」の設定を行う。

動作を確認する

作成したらフローを保存し、動作を確認しましょう。最初にツイートするテキストと投稿するイメージを設定する画面が現れます。

図7-32：ツイートするメッセージとイメージを設定する。

フローが終了したら、Twitter を開いて自分のアカウントからの投稿を確認しましょう。入力したテキストがツイートされているのがわかるでしょう。

図7-33：入力した情報がツイートされている。

検索とリツイート

ツイートだけでなく、リツイートももちろん可能です。ツイートには検索機能もあるので、情報を検索して自動リツイートするようなフローも作成できます。

では、やってみましょう。新しいフローを作成してください。設定は以下の通りです。

フロー名	Twitter フロー 4
このフローをトリガーする方法を選択します	手動でフローをトリガーします

作成後、トリガーに「検索テキスト」というテキストの入力項目を作成しておきましょう。

図7-34：トリガーに「検索テキスト」を用意する。

ツイートの検索

　入力項目を使ってツイートを検索します。「新しいステップ」をクリックし、「Twitter」コネクタから「ツイートの検索」というアクションを選んで追加してください。検索を行うためのアクションです。

　作成したアクションには「検索テキスト」という設定項目が1つ用意されています。下の「詳細オプションを表示する」リンクをクリックすることで、追加の設定項目が現れます。これらから以下の項目を設定してください。

検索テキスト	[検索テキスト]
結果の最大件数	1

　ここでは「結果の最大件数」を1にすることで、1つだけツイートを検索するようにしています。この検索されたツイートをリツイートします。

図7-35：「ツイートの検索」を追加する。

Apply to eachの用意

　「新しいステップ」をクリックし、「コントロール」から「Apply to each」アクションを追加します。「ツイートの検索」では、検索したツイートを配列として取得します。1件だけ検索するようにしても、やはり結果は配列になるのです。したがって、Apply to eachで繰り返し処理する必要があります。

　作成した「Apply to each」の設定項目には、「ツイートの検索」下にある「body」を設定しておきます。これで、検索されたツイートを繰り返し処理するようになります。

図7-36：「Apply to each」を追加する。

リツイート

　では、「Apply to each」の「アクションの追加」をクリックし、リツイートのアクションを追加しましょう。「Twitter」コネクタから「リツイート」アクションを選択してください。

　このアクションにはリツイートするツイートのIDを指定する項目が用意されています。ここに「ツイートの検索」にある「ツイートID」を入力します。

　その下に「ユーザーのトリミング」という項目がありますが、これはユーザー情報をトリミングするかどうかを指定するものです。ここでは「いいえ」のままにしておきます。これで、検索したツイートをそのままリツイートするフローができました。

図7-37：「リツイート」の設定を行う。

動作を確認する

　フローを保存して動作を確認しましょう。実行すると検索するテキストを尋ねてくるので、テキストを入力してください。フローが終了したらTwitterを開き、自分のアカウントからリツイートされているか確認しましょう。

図7-38：検索テキストを入力すると、検索したツイートをリツイートする。

ツイートは慎重に！

　Power Automateにより、ツイートやリツイートも自動化できるようになりました。検索などと連動することで、かなり効率的にツイートができるようになるでしょう。

　ただし、自動化によるツイートやリツイートは、場合によっては予想外の動作をする危険があります。単純に入力した値をツイートするならいいでしょうが、検索や何らかの処理に応じて自動的にツイートなどを行わせる場合、予想しなかったツイートを勝手に送ってしまう危険があります。「自動的にどのようなツイートがされるのか」をよく考え、慎重にツイートを行うように心がけましょう。

Chapter
7

7.2.

RSS/JSONの利用

RSSによる情報の取得

情報を発信するWebサイトからどのようにして的確に情報を得るか？　情報を発信する側にとっても重要な問題です。多くの情報発信サイトでは受け取り手が簡単に情報を得られるようにするため、定型化されたフォーマットによる情報発信を行っています。その代表的なものが「RSS」です。

RSSは「Really Simple Syndication」あるいは「Rich Site Summary」の略称で、Webサイトの更新情報などを発信するための共通フォーマットです。XMLで定義されており、RSSを使って更新情報などを発信することで、RSS対応のさまざまなアプリケーションで情報を受け取り利用できるようになります。ニュースサイトやブログの更新情報は、多くがRSSに対応しています。

RSSを利用できるようになると、メジャーな情報発信サイトから更新情報を取得し利用できるようになります。実際に簡単なサンプルを作りながら、その基本的な使い方を説明していきましょう。

では、新しくフローを作成してください。設定は以下のようにしておきましょう。

フロー名	RSSフロー 1
このフローをトリガーする方法を選択します	手動でフローをトリガーします

Yahoo!ニュースのRSSを取得する

では、RSSの情報を取得しましょう。ここではYahoo!ニュースのRSS情報を利用することにします。URLは以下になります。

図7-39：新しいフローを用意する。

https://news.yahoo.co.jp/rss/topics/top-picks.xml

これはYahoo!ニュースのトピックに関する情報を配信するものです。ここにアクセスして、最新のニュース情報を取得しましょう。

「新しいステップ」をクリックし、パネルの
フィールドから「rss」と検索すると、「RSS」
というコネクタが見つかります。これがRSS
情報を取得するためのものです。

図7-40：「RSS」コネクタを検索する。

このコネクタを選択すると、アクションに
「すべてのRSSフィード項目を一覧表示しま
す」という項目が1つだけ用意されています。
これがRSSを取得するためのものです。こ
れを選択しましょう。

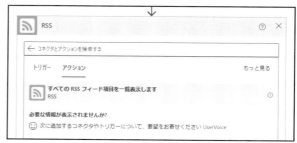

図7-41：RSS取得のアクションを選択する。

RSS取得の設定を行う

このアクションには全部で3つの設定項目が用意されています。これらはそれぞれ以下のような役割を果
たします。

RSSフィードのURL	アクセスするRSSのURLです。これは必須です。
以降	日時を指定し、それ以降の情報を取得します。
選択したプロパティを……	新しい項目を取得するために利用するプロパティを指定します。通常は公開日時（pubDate）のプロパティを使います。

このうち最初の「RSSフィードのURL」は、必ず指定しなければいけません。その下の2つは、例えば最
後にアクセスした日時を記録しておいて、それ以降の情報のみを取得するような場合に利用します。

図7-42：RSS取得のアクション。

Yahoo!ニュースのRSSを指定しましょう。「RSSフィードのURL」の項目に以下のURLを記入してく
ださい。その下の2項目はデフォルトのままにしておきます。

https://news.yahoo.co.jp/rss/topics/top-picks.xml

これでRSS情報が取得できます。後は、取り出した情報をどう利用するかを考えるだけです。

図7-43：URLを指定する。

Excel のテーブルに RSS 情報を出力

今回もRSS情報をExcelのテーブルに書き出すことにしましょう。「サンプルブック」ワークブックをExcel Onineで開き、適当なシートに以下のように列名を記入してください。

ID	タイトル	更新日時	公開日時	記事の要約	

5列のテーブルが用意できたらこれらのセルを選択してテーブルを挿入し、「NewsTable」と名前を設定しておきます。

図7-44：「NewsTable」テーブルを作成する。

RSS 情報を処理する

再びPower Automateに戻り、フローの続きを作成しましょう。「すべてのRSSフィード項目を一覧表示します」アクションの下に繰り返し処理を用意します。「コントロール」の「Apply to each」アクションを追加してください。

そして、繰り返す設定項目に動的コンテンツのパネルから「すべてのRSSフィード項目を一覧表示します」下にある「body」を入力しましょう。これがRSS情報の個々のニュース情報をまとめてある値です。

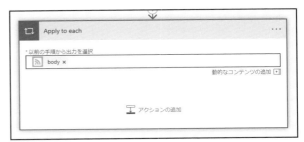

図7-45：Apply to eachを作成し、「body」を設定する。

表に行を追加する

　「Apply to each」にExcelへ出力するアクションを追加しましょう。「アクションの追加」をクリックし、「Excel Online(OneDrive)」から「表に行を追加する」を選択します。そして「ファイル」で「サンプルブック」を選択し、「テーブル」から「NewsTable」を選びます。

図7-46：「表に行を追加する」でファイルとテーブルを選ぶ。

　これでNewsTableの各列の設定項目が追加表示されます。これらに「すべてのRSSフィード項目を一覧表示します」下にある動的コンテンツから以下のように値を設定しましょう。

ID	フィードID
タイトル	フィードタイトル
更新日時	フィード更新日時
公開日時	フィードの公開日付
記事の要約	フィードの概要

図7-47：各列に動的コンテンツを設定する。

動作を確認する

　完成したらフローを保存して実行してみましょう。今回は、特に入力する情報などはありません。フローを実行し終了したら、Excelの「サンプルブック」を開いて「NewsTable」テーブルをチェックしましょう。Yahoo!ニュースのRSS情報が書き出されています。

　内容を見るとIDの値が空だったり、更新日時がすべて0001-01-01 00:00:00Zになっていたりするかもしれませんが、これはYahoo!ニュース側にこれらの値が用意されていないためです。RSSを配信するWebサイトは他にも多数あり、そうしたところではこれらの情報を正しく配信するものも多いでしょう。

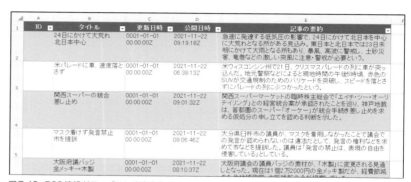

図7-48：RSS情報がテーブルに出力される。

RSSのデータ構造

では、Yahoo!ニュースで配信されているRSS情報というのは、どのような形になっているのでしょうか？

RSSはXMLで記述されており、配信情報以外にもその配信元に関する情報などが多数含まれています。しかしPower Automateの「RSS」コンテナを使ってRSS情報を取得すると、配信されるコンテンツの部分だけが以下のような形で取り出されます。

▼リスト7-2

```
{
    "title": タイトル ,
    "primaryLink": リンク ,
    "links": [ リンク ],
    "updatedOn": 更新日時 ,
    "publishDate": 公開日時 ,
    "summary": 要約 ,
    "copyright": コピーライト ,
    "categories": [ カテゴリ ]
},
```

RSSはXMLですが、RSSのアクションで取り出された段階ではすでにJSONのフォーマットに変換され取り出されていることがわかります。XMLよりもこのほうが（Power Automateでは見慣れたフォーマットなので）情報を把握しやすいですね。

JSONによるデータの利用

Power Automateは、このようにXMLベースであるRSSですら取り出す際にはJSONに変化しています。ならば、JSONデータならもっと簡単に扱えるだろう……と思うかもしれません。

ところが2021年秋の時点では、特定のURLにアクセスしてJSONデータを取得するためのコンテナは標準では用意されていません（ネットワークアクセスをする「HTTP」というコネクタが用意されていますが、これはPremium専用であり無料アカウントでは利用できません）。

では、WebサイトにアクセスしてJSONデータを取得し利用することはできないのか？　いえ、少し工夫をすればこれは可能です。どうするのかというと、ストレージサービスの「ファイルのコピー」を利用するのです。

JSONデータを取得し、利用するための基本的な処理の流れを以下に整理しましょう。

1 ストレージサービスの「ファイルのコピー」を使い、特定URLからJSONデータをファイルに保存する。
2 ファイルからコンテンツを読み込む。
3 コンテンツをテキストの変数に保管する。
4 「JSON解析」を使い、変数のコンテンツをJSONデータとして解析する。

このような手順を経ることで、特定のアドレスにアクセスしてJSONデータを取得し、利用できるようになります。

Google Books APIについて

実際の利用例として、「Google Books API」というものを使ってみましょう。これはGoogle Booksという書籍の検索サービスを利用するためのAPIです。Google Books APIでは以下のようにURLを指定してアクセスすることで、書籍の情報を検索することができます。

```
https://www.googleapis.com/books/v1/volumes?langRestrict=ja&q=検索テキスト
```

得られる情報はJSON形式になっており、ここから必要な情報を取り出して利用できるようになっているのです。これを利用できれば、書籍情報の検索フローが簡単に作れます。

フローの用意

では、新しいフローを用意しましょう。インスタントクラウドフローを以下のような設定で作成してください。

フロー名	JSONフロー1
このフローをトリガーする方法を選択します	手動でフローをトリガーします

図7-49：新しいフローを用意する。

作成したら、トリガーに入力項目を用意します。「検索テキスト」という名前でテキスト入力項目を用意しましょう。

図7-50：「検索テキスト」入力項目を用意する。

URLからJSONデータを取得する

指定のURLからJSONデータを取得する処理を作りましょう。最初に行うのは、URLを指定したファイルのコピーです。

どのストレージサービスでも行えますが、今回はOneDriveを利用することにしましょう。「新しいステップ」をクリックし、「OneDrive」から「URLからのファイルアップロード」アクションを選択してください。

もしOneDrive以外のストレージサービス（Googleドライブ、Dropbox、Box）を利用したい場合は、それらのコネクタから「ファイルのコピー」アクションを選択してください。これで同じことが行えます。OneDriveでは、「URLからのファイルアップロード」を使います。

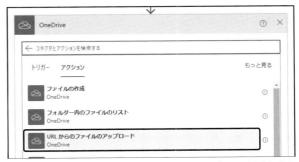

図7-51：OneDriveから「URLからのファイルのアップロード」を追加する。

アクションの設定を行う

作成されたアクションに用意されている設定項目に設定をしていきましょう。それぞれ以下のように入力してください。

ソースURL	https://www.googleapis.com/books/v1/volumes?langRestrict=ja&q=[検索テキスト]
対象ファイルのパス	/google-book-tmp.json
上書きする	はい

「ソースURL」には、「〜 &q=」までテキストで記述し、最後に「検索テキスト」の動的コンテンツを挿入します。これでGoogle Books APIにアクセスし、その結果をgoogle-book-tmp.jsonというファイルに保存します。

図7-52：アクションの設定を行う。

ファイルのコンテンツを取得

続いて、「OneDrive」コネクタから「パスによるファイルコンテンツの取得」アクションを作成します。そして「ファイルパス」のところに、動的コンテンツのパネルの「URLからのファイルアップロード」下にある「パス」を入力します。

図7-53：「パスによるファイルコンテンツの取得」を作成する。

変数を初期化する

　変数の初期化を行います。「変数」コネクタから「変数を初期化する」アクションを選び、以下のように設定を行います。

名前	データ
種類	文字列
値	［ファイルコンテンツ］

　値の「ファイルコンテンツ」は、動的コンテンツのパネルの「パスによるファイルコンテンツの取得」にあるものを使ってください。

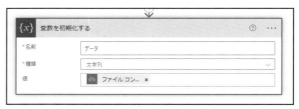

図7-54：変数を初期化する。

取得したデータをJSONデータとして使えるようにする

　JSONデータはこれで取り出せました。次に行うのは取り出したデータをJSONデータとして解析し、使えるようにする作業です。
　変数に取り出したコンテンツはただのテキストです。これをJSONデータとして解析するには、「データ操作」コンテナから「JSONの解析」アクションを追加します。

図7-55：「JSONの解析」アクションを追加する。

　作成されたアクションの「コンテンツ」に、動的コンテンツのパネルにある「変数を初期化する」下の「データ」を設定します。

図7-56：「データ」を設定する。

スキーマを生成する

　JSONの解析に必要なスキーマを生成しましょう。「サンプルから生成」ボタンをクリックしてください。現れた「サンプルJSONペイロードの挿入」パネルに以下のリストを記述します。

▼リスト7-3

```json
{
  "kind": "",
  "totalItems": 0,
  "items": [
    {
      "kind": "",
      "id": "",
      "etag": "",
      "selfLink": "",
      "volumeInfo": {
        "title": "",
        "authors": [""],
        "publisher": "",
        "publishedDate": "2021-01",
        "description": "",
        "industryIdentifiers": [
          {
            "type": "ISBN",
            "identifier": "0"
          }
        ],
        "pageCount": 0,
        "printType": "",
        "maturityRating": "",
        "contentVersion": "",
        "language": ""
      }
    }
  ]
}
```

図7-57：パネルにJSONのサンプルコードを記入する。

　このリストはGoogle Books APIで出力されるデータを元に、比較的利用される項目に絞って作成したダミーデータです。これを記述して「完了」ボタンをクリックするとパネルが消え、「スキーマ」にデータを元に生成されたスキーマ情報が出力されます。

　これで、JSONデータを解析して利用でき
るようになりました。

図7-58：スキーマが自動生成された。

JSONデータをExcelに出力する

　後は、生成されたJSONデータから必要な情報をExcelのテーブルに出力していくだけです。
　Excelのワークブックにテーブルを用意しましょう。Excel Onlineで「サンプルブック」を開き、新しい
ワークシートを用意して以下のように説を記述してください。

タイトル	著者	出版社	概要		

　これらのセルを選択してテーブルを挿入しましょう。名前は「BookTable」としておきます。

図7-59：Excelのワークブックに「BookTable」テーブルを用意する。

　JSONデータには検索された書籍データが配列としてまとめられています。これを処理するには「Apply
to each」が必要でしたね。
　「コントロール」から「Apply to each」アクションを作成してください。設定項目には動的コンテンツの
パネルの「JSONの解析」下にある「Items」を入力します。

図7-60：「Apply to each」を作成する。

表に行を追加する

　「Apply to each」内に、Excel Onlineの
テーブルにデータを出力する処理を用意しま
しょう。「Excel Online(OneDrive)」コネクタ
から「表に行を追加」を選んでください。そし
てファイルに「サンプルブック」を、テーブル
に「BookTable」を選択します。

図7-61：ファイルとテーブルを選択する。

　テーブルの下に、BookTableの列が追加
表維持されます。ここに、以下のように動的
コンテンツを設定していきましょう。

タイトル	[title]
著者	(式を設定)
出版社	[publisher]
概要	[description]

図7-62：列に動的コンテンツを設定する。

　これらのうち「著者」については、動的コンテンツのパネルから「式」を選択して表示を切り替え、以下の
式を入力して設定します。

▼リスト7-4

```
items('Apply_to_each')?['volumeInfo']?['authors'][0]
```

　これは、著者のデータが保管されている「authors」から最初の処者名を取り出し出力するものです。著
者データは、共著など複数の著者がある場合を考えて配列になっています。このため、そのまま「authors」
の動的コンテンツを設定するとうまく出力できないのです。そこで、式を使って配列から直接値を書き出し
ています。

図7-63：著者は式を使って出力する。

動作をチェックする

すべてできたらフローを保存し、実行してみましょう。最初に検索
テキストを入力する表示が現れるので、検索したいテキストを記入し
ます。タイトルでも著者名でもかまいません。そして実行すれば、検
索された書籍の情報がExcelのテーブルに書き出されます。

図7-64：検索テキストを記入して実行する。

フローが終了したら、「サンプルブック」ワークブックをExcel Onlineで開いて「BookTable」テーブル
の表示を確認しましょう。検索された書籍が最大10項目まで出力されているのがわかるでしょう。

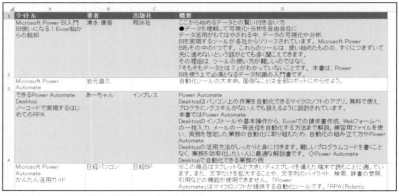

図7-65：検索された書籍の情報が10冊分出力される。

C　O　L　U　M　N

途中でエラーになった！

いろいろ検索していると、出力の途中でエラーになって止まった、というケースも出てくるかもしれません。特
に、古い書籍の検索を行ったときなどに生じることがあります。
これは、書籍によっては基本情報が欠落していることがあるためです。特に著者情報が欠落していると、ここで
は式を使って直接 authors 配列の最初の要素を取り出しているため、「何もない値の要素を取り出そうとした」
ということでエラーになる場合があります。

7.3.

カスタムコネクタの作成 (Premium)

JSONを利用するコネクタを作る

　JSONを利用したフローの作成は可能ですが、このように工夫が必要です。やり方を知らなければ「JSON は使えない」と思ってしまうかもしれません。また「できる」とはいっても、この処理を毎回作らないといけ ないのはかなり面倒ですね。しかし、実を言えばPower Automateにはこうした面倒な「外部サービスに アクセスして情報をやり取りする」という処理を簡単に扱えるようにする機能が要されています。それは「カ スタムコネクタ」です。

　カスタムコネクタとは、文字通り「自作できるコネクタ」です。自分で簡単な設定などを行うことで、特定 のURLとデータをやり取りするためのコネクタを作ることができるのです。よく利用するWebサービスな どはコネクタを作っておけば、その中のアクションを追加するだけでいつでも機能を使えるようになります。

　ただし、このカスタムコネクタは「Premium版（有料契約のPower Automate）」でしか利用することが できません。無料版では使えないのです。本書では基本的に無料版で使える機能を中心に説明をしていますが、この「カスタムコネクタ」は外部サービスを利用する上で非常に強力な道具となるものなので、あえて 取り上げることにします。

> ※ビジネスアカウントを利用している人は、「Power Apps」というローコード開発ツールを使えばカスタムコネクタを作成 することができます。これは2021年秋現在、誰でも利用可能になっており、Premium契約は不要です。

コネクタの新規作成

　カスタムコネクタの作成は、左端にあるリ ストの「データ」という項目内にある「カスタ ムコネクタ」というところをクリックして作 業します。これは作成したカスタムコネクタ を管理するページで、ここで新しいコネクタ を作ったり、作成したコネクタを編集したり できます。

図7-66：「カスタムコネクタ」では、作成したコネクタの管理画面が表示される。

　新たにコネクタを作成するには、右上にある「カスタムコネクタの新規作成」をクリックします。新たに 作成する方式がメニュー表示されます。

カスタムコネクタの作成の方法はいくつか用意されています。一から作成する他に、「Open API」と呼ばれるものを使って作成する方法が用意されています。Open APIとはRESTful Webサービス作成のためのインターフェース仕様で、すでにOpen APIに準拠したWebサービスがあれば、それをそのまま使ってコネクタを作ることができるようになっているのです。

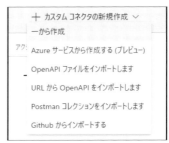

図7-67：「カスタムコネクタの新規作成」に用意されているメニュー。

ここでは一から作成する手順を説明しましょう。「一から作成」メニューを選び、現れたパネルからコネクタ名を「MyConnector1」と入力し続行してください。

図7-68：コネクタ名を入力する。

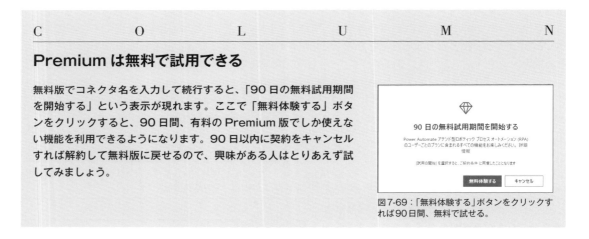

Premium は無料で試用できる

無料版でコネクタ名を入力して続行すると、「90日の無料試用期間を開始する」という表示が現れます。ここで「無料体験する」ボタンをクリックすると、90日間、有料のPremium版でしか使えない機能を利用できるようになります。90日以内に契約をキャンセルすれば解約して無料版に戻せるので、興味がある人はとりあえず試してみましょう。

図7-69：「無料体験する」ボタンをクリックすれば90日間、無料で試せる。

利用するサービスについて

今回は、筆者が運営するダミーデータ配信サービスにアクセスしてデータを取得するコネクタを作ってみます。これはFirebaseを使って作られたもので、簡単なデータをJSON形式で配信するものです。URLは以下の通りです。

https://tuyano-dummy-data.firebaseio.com/sample_data.json

図7-70：ダミーデータの配信URLにアクセスすると、JSONデータが表示される。

全般情報の設定

コネクタの作成にはいくつもの設定を行う必要があります。最初に表示されるのはコネクタ全般の設定です。以下の項目が用意されています。

コネクタアイコンのアップロード	コネクタのアイコンです。ファイルをアップロードして設定できます。
アイコンの背景色	アイコンの背景色を指定します。
説明	コネクタの簡単な説明を記述します。
オンプレミスデータゲートウェイ経由で接続	クラウドに接続されていないデータを接続するオンプレミスデータゲートウェイを利用するかどうかを指定します。Microsoft Power BIなどを利用したデータを扱うようなときに利用します。
スキーマ	HTTPかHTTPSかを指定します。
ホスト	コネクタのホストのドメインを記入します。
ベースURL	ホストのベースとなる地点を指定します。ルート（ホスト直下）であれば「/」としておきます。

これらでコネクタの基本的な情報を設定します。以下のように設定しておきましょう。アイコン関係は自由に設定してください。

オンプレミスデータゲートウェイ経由で接続	OFF
スキーマ	HTTPS
ホスト	tuyano-dummy-data.firebaseio.com
ベースURL	/

図7-71：全般情報を設定する。

セキュリティの設定

下にある「セキュリティ →」をクリックすると、サイトへのアクセスに使われる認証方式の設定が現れます。ここで各種の設定を行うことができます。用意されている項目は以下のようになります。

なし	特に認証を行わず、そのままアクセスします。
基本認証	いわゆるBASIC認証です。登録されたユーザー名とパスワードを指定します。
APIキー	アクセスするプログラムごとにキーを割り当てる方式です。キーのラベル、パラメータ名、パラメータが置かれる場所（ヘッダー情報内か、クエリか）を指定します。
OAuth2.0	OAuth2.0による認証です。クライアントID、クライアントシークレット、トークンURL、リフレッシュURLなど必要な情報を一通り入力する必要があります。

　これらの認証は、いずれも利用するサービス側でそれらの認証を使うための設定が行われていなければいけません。Webサービスを決まった認証により利用できるようにしてあれば、その認証方式を使って必要な情報を設定し、コネクタからアクセスできるようにするわけです。このあたりは認証方式に関する知識が必要となります。今回利用するダミーデータは公開されているので、特に認証は必要ありません。「なし」を選んでおきましょう。

図7-72：認証方式を指定する。

定義の設定

　次の「定義」がコネクタの具体的な内容を設定するものです。上部には「全般」という表示があり、ここにデフォルトで用意されるアクションの基本的な設定を行います。

　この「全般」パネルの左側には「アクション」「トリガー」という表示があり、ここに作成したアクションとトリガーが表示されます。そして、選択したアクションとトリガーの設定が右側に表示される、というわけです。

　作業は、まず「アクション」「トリガー」にある「新しいアクション」または「新しいトリガー」をクリックして新しいアクションやトリガーを作成し、右側の「全般」からその下に表示されている設定を行っていく、という形になります。なお、デフォルトでは最初のアクションの設定画面が表示されているはずです（もし表示されていない場合は、左側の「新しいアクション」をクリックしてください）。

　この「全般」には、選択されたアクションの基本的な設定を記述します。

概要	アクション名です。「get data」としておきます。
説明	説明文です。空でも問題ありません。
操作ID	操作に割り当てるIDです。「get_data」としておきます。
表示	ユーザーへの表示の設定です。importantで表示、advancedでオプション表示、internalで非表示です。ここではnoneにしておきます。

図7-73：定義の全般設定。

要求の設定

　全般の下には「要求」という設定があります。「サンプルからのインポート」をクリックして設定します。クリックすると、右側にWebサービスにアクセスするための基本的な設定が現れます。以下のように設定しましょう。

動詞	アクセスするHTTPメソッドの指定です。ここでは「get」を選びます。
URL	アクセスするURLです。下のアドレスを記入します。
ヘッダー	アクセス時に送信するヘッダー情報です。今回は空のままです。

　アクセスするURLには、以下のアドレスを記入してください。

https://tuyano-dummy-data.firebaseio.com/sample_data.json

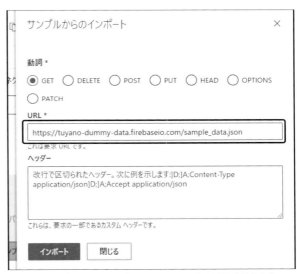

図7-74：サンプルからのインポート。getメソッドでURLを記入する。

　これらを記入して「インポート」ボタンをクリックするとパネルが消え、「要求」に必要な設定がされます。この「要求」画面の内容を直接編集することはできません。修正が必要な場合は、再度「サンプルからのインポート」をクリックして設定を行ってください。

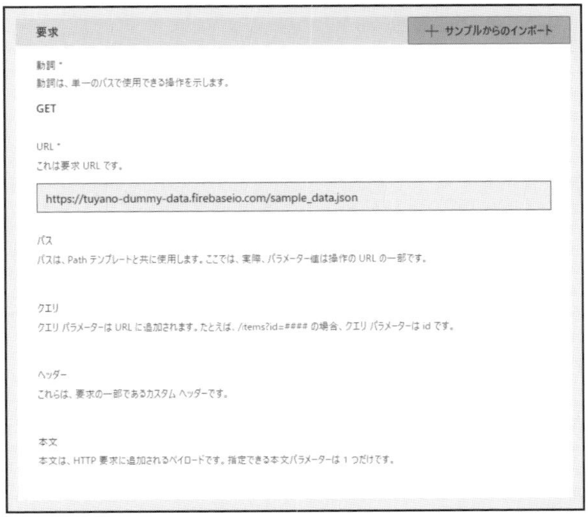

図7-75：インポートされた要求の設定。

応答と検証

その下の「応答」には、要求で送信されたアクセスの結果として受け取った内容が設定されます。デフォルトでは「default」という表示がされています。

その下には「検証」という項目があり、検証結果が表示されます。問題なければ「検証に成功しました」と表示されます。

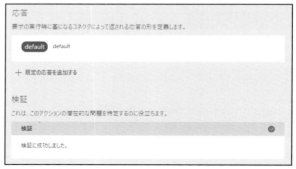

図7-76：応答と検証。

では、応答を確認しましょう。「default」の項目をクリックしてください。表示が変わり、受け取った応答の内容が表示されます。

ここでは名前の下にヘッダー、参照といった項目があり（今回は使っていないので特に表示はありません）、その下に「本文」として、受け取った情報が表示されます。「id」「name」「mail」「age」といった項目が表示されているのがわかるでしょう。これらが応答で受け取った情報です。

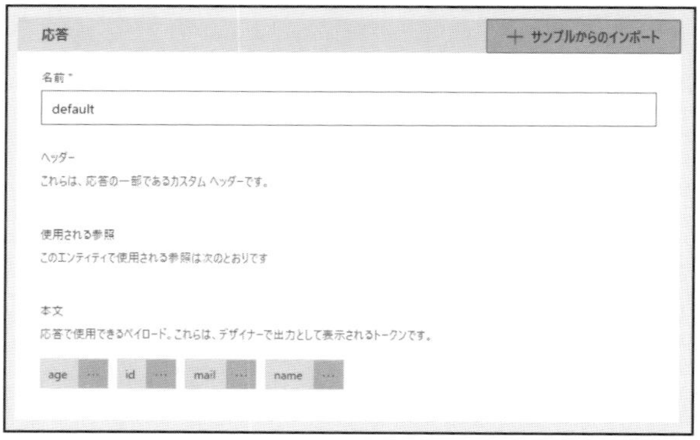

図7-77：応答の内容を確認する。

まだdefaultの応答が設定されていない（または正しく設定されてない）場合は、右上にある「サンプルからのインポート」をクリックしてください。右側に現れるパネルの「本文」にリスト7-5を記入して「インポート」を実行します。これで設定が行われます。

「サンプルからのインポート」は、実際にWebサービスから得られるJSONデータを元に応答の内容を自動設定するものです。リスト7-5は、ダミーデータのサイトから取得されるデータのサンプルです。

▼リスト7-5

```
[
  {
    "age":123,
    "id":0,
    "mail":"syoda@tuyano.com",
    "name":"tuyano"
  }
]
```

サンプルからのインポート ✕

ヘッダー

改行で区切られたヘッダー。次に例を示します:]D:]A:Content-Type application/json]D:]A:Accept application/json

これらは、応答の一部であるカスタムヘッダーです。

本文

```
[
  {
    "age":123,
    "id":0,
    "mail":"syoda@tuyano.com",
    "name":"tuyano"
  }
]
```

応答で使用できるペイロード。これらは、デザイナーで出力として表示されるトークンです。

インポート　　閉じる

図7-78:「サンプルからのインポート」でサンプルデータを指定する。

コードとテスト

　次の「コード（プレビュー）」は、2021年秋の時点ではまだプレビューの機能です。これはC#によるコードを入力するものです。デフォルトで働く要求と応答の処理以上のことを行わせたい場合、ここに直接コードを記述することで独自の処理を作成することができます。

　デフォルトでは以下のようなコードがデフォルトで設定されています。

▼リスト7-6

```
public class Script : ScriptBase
{
    public override async Task<HttpResponseMessage> ExecuteAsync()
    {
        HttpResponseMessage response = new HttpResponseMessage(HttpStatusCode.OK);
        response.Content = CreateJsonContent("{\"message\": \"Hello World\"}");
        return response;
    }
}
```

　コードの内容についてはC#の知識がなければわからないかもしれませんが、簡単に説明しておきましょう。これは「Script」というクラスを定義するものです。この中にはExecuteAsyncというメソッドが1つだけ定義されています。これがコネクタの処理の基本形となります。コネクタはScriptBaseを継承したクラスで、内部にExecuteAsyncメソッドを実装する必要があります。このメソッド内で実際にサービスにアクセスして情報を取得し、必要な処理を行った上で結果を返すような作業を行います。

　ここに「アップロード」ボタンで自作のコードをアップロードすると、デフォルトの処理よりも設定されたコードが優先され実行されるようになります。

より高度なコネクタを開発したい人は、C#でコードを作成して処理内容を作るとよいでしょう。

図7-79：C#のコードを直接設定できる。

テストの実行

その次にある「テスト実行」は、作成したコネクタを実際に実行して動作を確認するものです。「接続」というところに作成された接続を選択するためのリストが用意されています。ここで接続を選びます。まだ接続がない場合は、「新しい接続」で接続を作成します。

その下の「操作」というところには左側にアクション名が表示され、選択した内容が右に表示されます。ここでは「Get_data」というアクションが選択されています。「テスト操作」ボタンをクリックすると、Get_dataアクションを実行して動作を確認します。

図7-80：テスト実行。「テスト操作」をクリックするとテストを行う。

実際にテストを実行すると、下に「要求」「応答」と切り替えリンクが表示されたパネルが現れ、要求と応答の内容が表示されます。コネクタで得られる情報は、「応答」の「ボディ」というところに表示されます。この内容が、そのままコネクタのアクションから得られるものとなります。

その下にある「スキーマ検証」に「検証に成功しました」と表示されれば、テストによる動作チェックは問題なくできたと考えていいでしょう。

図7-81：テスト実行すると、要求と応答の内容が一覧表示される。

カスタムコネクタを利用する

　作成したカスタムコネクタを利用してみましょう。「マイフロー」から新しいフローを作成してください。設定は以下の通りです。

フロー名	カスタムコネクタフロー 1
このフローをトリガーする方法を選択します	手動でフローをトリガーします

カスタムコネクタを配置する

　フローが用意できたら、カスタムコネクタを追加しましょう。「新しいステップ」をクリックし、現れたパネルで「カスタム」を選択してください。作成した「MyConnector1」というコネクタのアイコンが表示されます。

図7-82：カスタムコネクタのアイコンが表示される。

　このアイコンをクリックして選択すると、その下に「get data」というアクションが表示されます。これが作成したアクションです。これを選択しましょう。

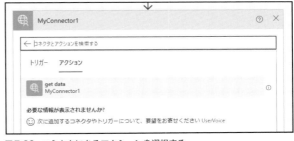

図7-83：コネクタにあるアクションを選択する。

　これで「get data」アクションが追加されます。このアクションには設定などは何も用意していないので、ただ配置するだけで動きます。

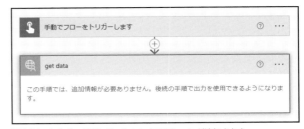

図7-84：トリガーの下に「get data」アクションが追加された。

Excelにテーブルを用意

　取得したデータを保管するため、Excelにテーブルを用意しましょう。「サンプルブック」ワークブックを開き、新しいワークシートを用意して、以下のように列名を記入しましょう。

ID	名前	メール	年齢		

記述したら、これらのセルを選択してテーブルを作成します。テーブル名は「カスタムデータ」としておきましょう。

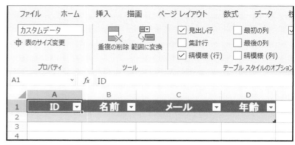

図7-85：テーブルを作成する。

取得データをExcelに出力する

再びPower Automateに戻り、フローの続きを作成しましょう。カスタムコネクタで得られるのはデータの配列です。したがって、繰り返し処理を用意する必要があります。

「コントロール」の「Apply to each」アクションを選択し、追加してください。設定には動的コンテンツのパネルから「get data」下にある「body」を設定しておきます。

図7-86：Apply to each を作成し、「body」を設定項目に入力する。

表に行を追加する

「アクションの追加」をクリックしてExcelのアクションを追加しましょう。「Excel Online」を選択し、そこから「表に行を追加」アクションを選びます。

なお、カスタムコネクタを利用しているということはPremiumユーザーかビジネスアカウントでPower Appsを使って開発しているわけで、ビジネスアカウントユーザーのほうがはるかに多いでしょう。そこで、ここだけExcel Onlineは「Excel Online (Business)」を使って説明します。

個人アカウントでPremium契約をしている場合は、そこだけ「Excel Online(OneDrive)」に置き換えてお読みください。

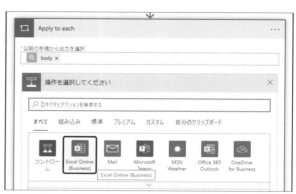

図7-87：「Excel Online(Business)」を選択する。

アクションを追加したら、設定項目を設定していきましょう。有料版の Excel Online にある「表に行を追加」アクションは設定項目が4つあります。これらを順に選択していきます。

場所	OneDrive for Business
ドキュメントライブラリ	OneDrive
ファイル	/サンプルブック.xlsx
テーブル	カスタムデータ

有料版の Excel Online(Business) を利用する場合、OneDrive も「OneDrive for Business」を接続して使うことになります。これら Office 関連のコネクタは無料版と有料版で別のものが用意されていることもあるので、間違えないようによく注意してください。

図7-88：サンプルブックのカスタムデータを設定する。

テーブルが設定されると、その下にテーブルの各列ごとの設定項目が追加されます。これらを以下のように設定していきます。

ID	[id]
名前	[name]
メール	[mail]
年齢	[age]

ここで利用している動的コンテンツは、パネルの「get data」下に用意されているものです。これらを指定することで、取得したデータが Excel のテーブルに書き出されます。

図7-89：各列に動的コンテンツを設定する。

動作を確認する

完成したらフローを保存し、実行してみましょう。問題なくフローが終了したら、Excel Onlineで「カスタムデータ」テーブルがどのようになったか確認しましょう。取得したデータがテーブルに書き出されているのがわかります。

	A	B	C	D
1	ID	名前	メール	年齢
2	0	tuyano	syoda@tuyano.com	123
3	1	Taro	taro@yamada	35
4	2	Hanako	hanako@flower	24
5	3	Sachiko	sachiko@happy	13
6	4	Jiro	jiro@change	2
7	5	mami	mami@mumemo	46
8				
9				

図7-90：カスタムコネクタから取得したデータがテーブルに書き出される。

RSSとJSONがアクセスの基本！

以上、外部サービスと接続してデータを取得する方法について説明をしました。Twitterのようにコネクタが用意されている場合は、アクションを呼び出すだけで簡単にサービスからデータを取得することができます。こうしたサービスはTwitterの他にも「LinkedIn」や「Yammer」など多数あります。

それ以外の場合はURLを指定してデータを取得し、それを自分で解析して処理する必要があります。ここではRSSとJSONのデータの利用について説明をしました。この2つが利用できれば、思った以上に幅広いデータの活用ができるようになります。まずはこの2つのデータ利用についてしっかりと使えるようになりましょう。

Chapter 8

ビジネスツールの活用

ビジネスで利用するWebサービスも多くのものがPower Automateに対応しています。
ここでは「Googleカレンダー」「Googleタスク」「MS Teams」「Slack」といった、
サービスの利用について説明しましょう。
また、ビジネスシーンでは必須の「承認」機能の使い方についても説明しましょう。

<table>
<tr><td rowspan="2">Chapter
8</td><td>8.1.</td></tr>
<tr><td>Googleカレンダーの利用</td></tr>
</table>

「Googleカレンダー」コネクタを使う

ビジネスで利用するツールも最近では多くがWebベースのサービスになっていて、Power Automateからアクセスできるようにコネクタが用意されているところが増えてきています。こうしたビジネスツールの利用について見ていきましょう。まずはスケジュール関連のサービスからです。

Googleアカウントを利用している人にとって、スケジュール管理は「Googleカレンダー」が基本でしょう。そのコネクタにはカレンダーの作成や情報の取得に関するアクションが一通り用意されています。

これらの使い方を説明ましょう。まず、新しいフローを用意します。「マイフロー」からインスタントクラウドフローを以下のように作成してください。

フロー名	Googleカレンダーフロー 1
このフローをトリガーする方法を選択します	手動でフローをトリガーします

図8-1：新しいフローを作成する。

入力項目を用意する

フローが用意できたらトリガーの「手動でフローをトリガーします」をクリックして展開し、「入力の追加」を使って以下の2つの入力項目を作成します。

イベントの日付	「日付」の入力項目。
イベント名	「テキスト」の入力項目。

これらで入力した情報を元に、カレンダーに新しいイベントを作成してみましょう。

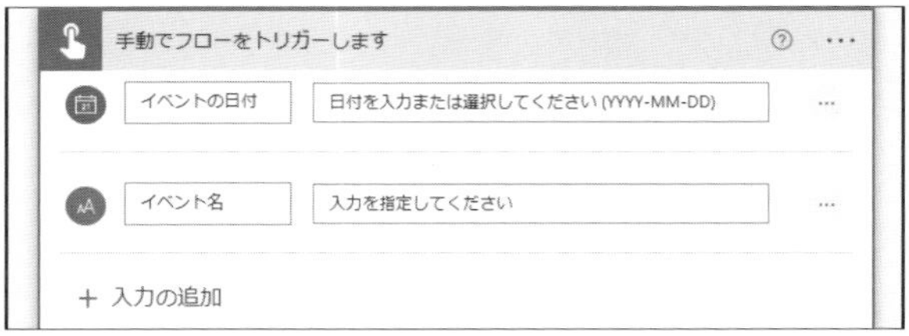

図8-2：日付とテキストの入力項目を用意する。

Googleカレンダーのイベントを作成する

カレンダーにイベントを追加しましょう。「新しいステップ」をクリックし、現れたパネルのフィールドに「google」と入力して検索をしてください。「Googleカレンダー」というコネクタのアイコンが見つかります。これを選択しましょう。

図8-3：「Googleカレンダー」を検索して選択する。

「イベントの作成」アクション

このコネクタにはカレンダーとイベントに関するアクションがいくつか用意されています。ここでは「イベントの作成」を選択してください。Googleカレンダーに新しいイベントを追加するためのアクションです。

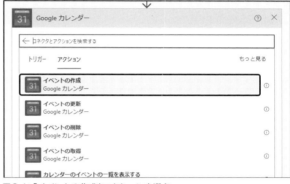

図8-4：「イベントの作成」アクションを選ぶ。

作成されたアクションには、「Googleカレンダーへの接続を作成するには、サインインしてください。」と表示されており、下に「サインイン」ボタンが表示されているでしょう。このボタンをクリックして、Googleカレンダーへのアクセスを行えるようにしましょう。

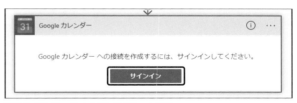

図8-5：「サインイン」ボタンをクリックする。

Googleカレンダーへのアクセスを許可する

Googleアカウントを選択するためのウインドウが開かれます。ここでGoogleカレンダーを利用するアカウントを選択してください。

図8-6：アカウントを選択する。

続いて、アクセスの内容が表示されます。内容を確認し、「許可」ボタンをクリックしてください。ウインドウが消え、Googleカレンダーにアクセスが可能になります。

図8-7：「許可」ボタンをクリックしてアクセスを許可する。

「イベントの作成」の設定項目

アクセス可能になると「イベントの作成」の表示が更新され、本来の表示に変わります。このアクションでは、作成するイベントに関する以下のような設定項目が用意されています。

カレンダーID	カレンダーに割り当てられているIDです。デフォルトのカレンダーIDは、Googleアカウント名（メールアドレス）になっています。
開始時刻／終了時刻	イベントの開始と終了の日時を指定します。これは日時を示す値や、決まった形式で書かれたテキストを使います。
タイトル	イベントに表示されるタイトルです。
説明	イベントの詳細情報となるテキストです。
場所	イベントに場所を指定する場合、ここに住所やランドマークの建物名などを記述します。
終日	終日イベントかどうかを指定します。「はい」なら終日イベント、「いいえ」なら指定の時刻のイベントになります。

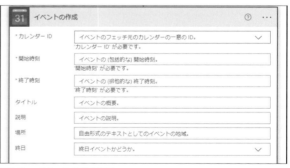

図8-8：アクションの設定項目。

イベントの情報を設定する

では、これらの設定項目に値を入力していきましょう。以下のように設定を行ってください。

カレンダーID	プルダウンされるカレンダーから使うものを選択
開始時刻	［イベントの日付］
終了時刻	［イベントの日付］
タイトル	［イベント名］
説明	（なし）
場所	（なし）
終日	「はい」を選択

　今回は、終日イベントを作成するようにしています。開始時刻と終了時刻は同じ日付を指定しておきます。

図8-9：イベントの設定を行う。

動作を確認しよう

　フローを保存して動作を確認しましょう。実行すると、日付とイベント名を入力する表示が現れます。これらを入力して実行すると、Googleカレンダーにイベントが追加されます。

図8-10：イベントの日付とイベント名を入力する。

　フローを実行したら、Googleカレンダーを開いてカレンダーを確認してください。入力した日付に終日イベントが作成されているのがわかるでしょう。

　イベントの作成は、このように日時とイベント名という最低限の情報さえあれば簡単に作成することができます。「イベントの作成」に用意されている項目は多いのですが、それ以外のものはオプションであり、用意しなくとも問題ありません。

図8-11：Googleカレンダーにイベントが追加されている。

イベントの取得

続いて、イベントの取得についてです。Googleカレンダーからイベント情報を取り出すには2つのアクションが用意されています。

イベントの取得	特定のイベントの情報を取り出すものです。利用するには、イベントに割り振られているIDがわからなければいけません。
カレンダーのイベントの一覧を表示する	特定のカレンダーから、指定した範囲内のイベント情報をすべて取り出します。

「イベントの取得」は、イベントIDがわかっている場合に使うものです。IDがわからないと使えません。

もう1つの「カレンダーのイベントの一覧を表示する」は、カレンダーからイベントを取り出すものです。一定範囲のものをすべて取り出す他、特定のイベントを検索して取り出すのにも使えます。利用の仕方を考えたなら、「カレンダーのイベントの一覧を表示する」の使い方を覚えたほうがいいでしょう。

Googleスプレッドシートの用意

フローを作成する前に、取り出したイベント情報を出力するためにスプレッドシートを用意しておきましょう。今回はGoogleスプレッドシートを利用することにします。サンプルとして使っている「サンプルシート1」ワークブックを開き、新しいワークシートを作成してください。名前は「祝日」としておきましょう。そしてA1セルから以下のように値を記入しておきます。

日付	イベント名				

2列のみですが、その右側には「__PowerAppsId__」というPower Platformで割り当てられるIDが書き出されます。

図8-12:シートに「日付」「イベント名」と列名を記述しておく。

「祝日」カレンダーの準備

今回は、Googleカレンダーから祝日の情報だけを取り出してみます。祝日は「日本の祝日」というカレンダーとして用意されています。

自分のGoogleカレンダーに「日本の祝日」というカレンダーがない場合は、追加しておきましょう。Googleカレンダーを開き、左側の下部にある「他のカレンダー」にある「+」をクリックし、現れたメニューから「カレンダーに登録」を選びます。

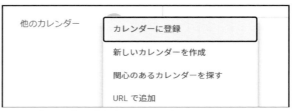

図8-13:「カレンダーに登録」メニューを選ぶ。

　設定画面が現れます。左側にある「カレンダーを追加」という項目内から「関心のあるカレンダーを探す」を選択してください。右側に「地域限定の祝日」という項目が現れるので、これをクリックして展開表示し、一覧の中から「日本の祝日」を探してチェックをONにします。これで、「日本の祝日」カレンダーが追加されます。

図8-14：「日本の祝日」カレンダーを探してONにする。

祝日カレンダーのイベントを表示する

　祝日カレンダーのイベントを取り出すサンプルを作成しましょう。新しいインスタントクラウドフローを以下のように用意してください。

フロー名	Googleカレンダーフロー２
このフローをトリガーする方法を選択します	手動でフローをトリガーします

　作成したら、続けてアクションを追加します。「Googleカレンダー」コネクタから「カレンダーのイベントの一覧を表示する」アクションを選択しましょう。

図8-15：「カレンダーのイベントの一覧を表示する」アクションを選ぶ。

「カレンダーのイベントの一覧を表示する」アクション

　作成されたアクションには以下の3つの設定項目が用意されています。

カレンダーID	検索するカレンダーのIDです。
最小時間	検索する最初の日時を指定します。
最大時間	検索する最後の日時を指定します。

　これらにより、指定のカレンダーの最小時間から最大時間の範囲にあるイベントを配列にまとめて取り出します。

　この他、「詳細オプションを表示する」リンクをクリックすると、さらに「検索クエリ」という項目が追加されます。これはイベントを検索するための検索テキストを指定するものです。これを使って特定のイベントだけを検索することもできます。

図8-16：アクションに用意されている設定項目。

　では、アクションに設定をしましょう。今回は2022年の祝日をすべて取り出すことにします。以下のように設定を行ってください。

カレンダーID	「日本の祝日」を選択。
最小時間	2022-01-01T00:00:00
最大時間	2022-12-31T00:00:00

　最初時間と最大時間は、「年-月-日T時:分:秒」という形式のテキストとして用意しています。ここでは2022年1月1日午前零時〜12月31日午前零時の範囲を指定していたのですね。

図8-17：カレンダーと最小最大時間を設定する。

イベントを繰り返し処理する

　取得したイベント情報を繰り返し処理しましょう。「新しいステップ」をクリックし、「コントロール」内にある「Apply to each」アクションを追加してください。そして設定項目に、動的コンテンツのパネルにある「カレンダーのイベントの一覧を表示する」下の「イベントリストアイテム」を選択します（似たようなものに「イベントリスト」もあるので間違えないように！）。

図8-18：「イベントリストアイテム」をApply to eachに設定する。

「行の追加」を用意

繰り返し処理を用意しましょう。「Apply to each」の「アクションを追加」をクリックし、「Googleスプレッドシート」から「行の挿入」を選択します。

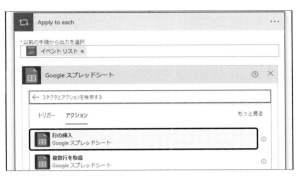

図8-19：「行の挿入」を追加する。

アクションが追加されたら、ファイルとワークシートを設定します。「サンプルシート1」ファイルと「祝日」シートをそれぞれ選択してください。

図8-20：ファイルとワークシートを選択する。

シートを選択すると、その下に列の項目が追加されます。これらに以下の動的コンテンツを設定してください。

日付	[イベントリスト イベント開始日時]
イベント名	[イベントリスト イベントタイトル]

これらの動的コンテンツは、いずれも「カレンダーのイベントの一覧を表示する」下に用意されているものです。

図8-21：シートの列に動的コンテンツを設定する。

動作を確認する

作成できたらフローを保存し、動かしてみ
ましょう。そして問題なくフローが終了した
ら、Googleスプレッドシートから「サンプ
ルシート1」の「祝日」シートを開いてくださ
い。2022年の祝日が一覧表示されます。

図8-22：2022年の祝日がすべて書き出される。

C O L U M N

ODATA フィルタークエリについて

「カレンダーのイベントの一覧を表示する」では、オプションの設定として「検索クエリ」というものが用意さ
れていました。これは「ODATA フィルタークエリ」と呼ばれるものを使ってフィルター条件を記述します。
ODATA フィルタークエリは、以下のような記号を使って条件を記述するのです。左側が ODATA フィルター
クエリの記述、右側が一般的な式で記述したものです。

```
A eq B      A = B
A ne B      A != B
A gt B      A > B
A ge B      A >= B
A lt B      A < B
A le B      A <= B
```

例えば「summary eq ' 打ち合わせ'」とすると、イベント名が「打ち合わせ」のイベントだけを検索できます。
より本格的に利用したい人は、ODATA フィルタークエリについて調べてみましょう。

イベントのトリガーを利用する

Googleカレンダーのコネクタには、カレンダーとイベントに関する基本的なアクションが用意されてい
ますが、それ以外にも重要な機能があるのです。それは「トリガー」です。トリガーを利用することで、イ
ベントの状況に応じて自動的に処理を実行することができます。

Googleカレンダーに用意されているトリガーには以下のものがあります。

• イベントがカレンダーに追加されたとき
• カレンダーのイベントが更新されたとき
• イベントの開始時
• カレンダーからイベントが削除されたときに
• カレンダーでイベントが追加、更新、削除されたとき

これらのトリガーを使うことでイベントを作成したり更新したり、あるいはイベントがスタートしたときに自動的にフローを実行させることができます。

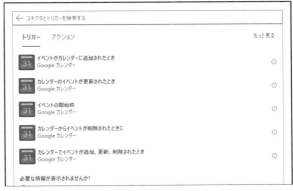

図8-23：Googleカレンダーに用意されているトリガー。

イベント追加時にフローを実行する

では、実際に簡単なトリガーを使ってみましょう。ここではイベントが追加されたときに処理を実行させてみます。

「マイフロー」から「新しいフロー」内にある「自動化したクラウドフロー」を選択してください。現れたパネルで以下のように設定してください。

フロー名	Googleカレンダー3
フローのトリガーを選択してください	イベントがカレンダーに追加されたとき

トリガーは、フロー名の下のフィールドに「google」と記入すると、Google関連のトリガーが検索されます。その中から探してください。

図8-24：「イベントがカレンダーに追加されたとき」トリガーで自動化したクラウドフローを作る。

フローが作成されたら、「イベントがカレンダーに追加されたとき」トリガーにある「カレンダーID」の設定項目からカレンダーを選択しておきましょう。

図8-25：トリガーの「カレンダーID」からカレンダーを選択する。

メール通知を送信する

実行する処理を用意します。「Mail」コネクタから「メール通知を送信する(V3)」アクションを選択しましょう。

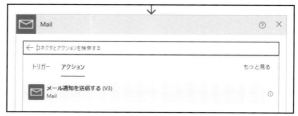

図8-26：「Mail」コネクタからアクションを選択する。

アクションを追加したら、用意された設定項目に動的コンテンツを使って値を入力していきましょう。

宛先	自分のメールアドレスを記入
件名	「[イベントタイトル]」が追加されました
本文	[イベントタイトル], [イベントID], [イベント開始日時], [イベント終了日時], [イベント説明]など

本文にはイベントに関する情報を読みやすくまとめて記述してください。記述する項目はそれぞれで用意してかまいません。

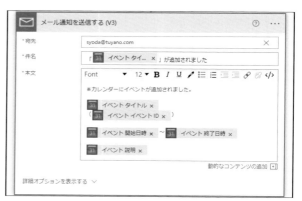

図8-27：アクションにメールの送信内容をまとめる。

動作を確認する

動作を確認しましょう。今回は自動化したクラウドフローを使ってイベント作成時に実行されるようにしています。したがって、フローを実行するだけでは動作を確認できません。

フローをテスト実行して待機状態になったら、Googleカレンダーでイベントを追加してください。

図8-28：Googleカレンダーでイベントを作成する。

　テスト実行中のフローがトリガーにより実行され、指定のメールアドレスにメールが送られます。届いたメールでイベントの内容を確認しましょう。

図8-29：イベントの内容をまとめたメールが届く。

Outlook利用の場合

　スケジュール管理はその他にもさまざまなものがあります。Microsoftユーザーの場合、Outlookでスケジュール管理をしている人もいることでしょう。

　Power Automateに用意されている「Outlook.com」コネクタには、カレンダーのイベントに関するアクションもいろいろと用意されています。Googleカレンダーで利用したアクションがOutlook.comの場合はどうなるのか、簡単に説明しておきましょう。

イベントの作成

　新しいイベントを作成するためには、「イベントを作成する(V3)」というアクションが用意されています。このアクションには以下のような設定項目が用意されています。

予定表ID	どの予定表にイベントを作成するかを指定します。クリックすると、アカウントに用意されている予定表がプルダウン表示されるので、そこから選びます。
件名	イベントのタイトルです。テキストで直接記入します。
開始時刻／終了時刻	イベントの開始時刻と終了時刻を決まったフォーマットで記したテキストとして用意します。

　開始と終了時刻のフォーマット形式は、Googleカレンダーの開始時刻／終了時刻で使ったのと同じ形式が使えます。

　この他、「詳細オプションを表示する」リンクをクリックすると、驚くほど多数の設定項目が追加表示されます。これらでさらにきめ細かなイベント情報の設定が行えます。ただし、あまりに項目が多いため、全部使いこなすのはなかなか大変です。普段は上記の3項目だけで十分でしょう。

図8-30：「イベントを作成する」アクション。

イベントの取得

イベントの取得には2つのアクションが用意されています。特定のイベントの情報を取得するものと、予定表にあるイベントをまとめて取り出すものです。

●「1つのイベントの取得 (V2)」アクション

特定のイベントの情報を取り出すためのものです。以下の2つの設定項目が用意されています。

予定表ID	調べる予定表を指定します。プルダウンリストから選択するだけです。
項目ID	取得するイベントのIDをテキストで記述します。

●「イベントを取得する (V3)」アクション

特定の予定表に用意されているイベントを配列としてまとめて取り出すためのものです。以下の項目が用意されています。

予定表ID	調べる予定表を指定します。プルダウンリストから選択するだけです。

「詳細オプションを表示する」をクリックすると、フィルタークエリという検索条件の指定や並べ替えの設定、取得する項目数の指定などといった設定が行えるようになります。

特定のイベントを検索して取り出すこともできます。「フィルタークエリ」というところに検索の条件を指定します。これはGoogleカレンダーの検索クエリと同じ、「ODATAフィルタークエリ」というものを使って検索条件を設定できます。

図8-31：イベントの取得は2つのアクションが用意されている。

トリガーについて

「Outlook.com」コネクタには、イベント関係のトリガーもいくつか用意されています。以下のようなものです。

- イベントが追加、更新、削除されたとき。
- イベントが変更されたとき。
- 新しいイベントが作成されたとき。
- 予定しているイベントがすぐに開始されるとき。

これらを利用することでイベントが作成されたり、イベントがスタートするようなときに自動的に実行されるフローを作ることができます。

図8-32：Outlook.comに用意されているトリガー。

イベント操作の基本は同じ

実際に使ってみるとすぐにわかることですが、基本的な機能や使い方はGoogleカレンダーに用意されていたものとかなり近いのです。ですからGoogleカレンダーを使えるようになれば、Outlook.comのイベントアクションも使えるようになるでしょう。

「どちらを選ぶか」ではなく、どちらか片方が使えれば、もう一方もすぐに使えるようになる、と考えるとよいでしょう。まずはどちらでもいいので、使えるようになりましょう。

Chapter 8

8.2.

タスク管理

Google Tasksを利用する

いわゆるToDoの機能というのは、さまざまなサービスで実装されています。それらの中には、Power Automateで利用できるものもあります。それらの基本的な使い方を説明しましょう。まずはGoogleのToDo機能からです。

GoogleにはGmailやGoogleドライブ、Googleカレンダーなどからいつでも開ける「Googleタスク」というToDo機能があります。スマートフォンでは「Google ToDo」というアプリとしても用意されており、いつでも使える手軽なToDoとして広く利用されています。

このToDo機能では「ToDoリスト」というToDoをまとめておくリストを複数用意することができ、各リストごとにToDoのタスクを作成できます。これを利用し、仕事用やプライベートなど用途ごとにToDoリストを作成してタスクを管理できます。

このGoogleのToDo機能（Googleタスク）は、Power Automateでは「Google Tasks」というコンテナとして用意されています。これを使うことで、フローからToDoを操作することができるようになります。

では、簡単なToDoのタスクを作成するフローを作ってみましょう。新しいインスタントクラウドフローを作成してください。設定は以下のようにしておきます。

フロー名	Googleタスクフロー 1
このフローをトリガーする方法を選択します	手動でフローをトリガーします

入力項目を用意

フローが用意できたら、トリガーの「入力の追加」をクリックして以下の3つの入力項目を用意します。

タスク名	入力を指定してください
タスクの内容	入力を指定してください
タスクの終了日	日付を入力または選択してください(YYYY-MM-DD)

図8-33：タスクの入力項目を用意する。

タスクの作成

　では、Googleタスクを利用しましょう。「新しいステップ」をクリックし、「google」と検索してください。「Google Tasks」というコネクタが見つかります。これをクリックしましょう。

図8-34：Google Tasksを探して選択する。

　この中にGoogleタスクのアクションがまとめられています。「タスクリストにタスクを作成」というアクションを選択してください。これが新しいタスクを作るためのアクションです。

図8-35：「タスクリストにタスクを作成」を追加する。

　アクションが追加されると、例によって「Google Tasksへの接続を作成するには、サインインしてください。」というメッセージが表示されます。「サインイン」ボタンをクリックし、Googleアカウントでのアクセスを許可しましょう。

図8-36：「サインイン」ボタンでサインインする。

タスクリストにタスクを作成

　サインインすると、「タスクリストにタスクを作成」アクションの設定項目が表示されるようになります。このアクションには以下のような項目が用意されています。

タスクリストID	タスクを追加するタスクリストのIDです。
タイトル	タスクとして表示されるテキストです。
メモ	タスクの内容として記述するテキストです。

この他、「詳細オプションを表示する」をク
リックすると、「期限」という項目が追加表示
されます。これはタスクの終了日を指定する
ものです。

図8-37：アクションには3つの設定項目が表示される。

実際に設定を行いましょう。「詳細オプションを表示する」をクリックして「期限」も表示し、以下のよう
に動的コンテンツを設定してください。

タスクリストID	マイタスク（デフォルトで用意されるタスクリスト）
タイトル	［タスク名］
メモ	［タスクの内容］
期限	［タスクの終了日］

図8-38：アクションの設定を行う。

動作を確認する

フローを保存し、実行してみましょう。最初にタスクの内容を記述
する項目が表示されます。「タスク名」と「タスクの内容」にはテキス
トを記入し、「タスクの終了日」は右端のカレンダーアイコンをクリッ
クして日付を選択します。

図8-39：実行したらフローの内容を入力する。

実行しフローが終了したら、Googleアカウントでタスクを確認しましょう。GmailやGoogleドライブなどで右端に「ToDo」というアイコンでタスクを表示できますし、スマートフォンの「Google ToDoリスト」アプリでも確認できます。フローで入力した内容のタスクが作成されているのがわかるでしょう。

図8-40：ToDoの「マイタスク」にタスクが追加されている。

タスクリストとタスクの取得

　Googleタスクに保管されているタスクの情報はどのように取得するのでしょうか？　これにはいくつかのアクションが用意されています。

●「タスクリストからのタスクの取得」
　特定のタスクを取得するためのものです。設定項目に「タスクリストID」と「タスクID」が用意されており、これらでタスクリストとタスクを指定すると、その情報が得られます。

●「タスクリストのタスクの一覧表示」
　タスクリストに用意されているタスクをまとめて取り出すものです。設定項目に「タスクリストID」が用意されています。ここで取得するタスクリストを指定すると、そのタスク情報が配列にまとめて得られます。

●「タスクリストの一覧表示」
　タスクリストの方法をまとめて取り出すものです。設定項目などはありません。これを呼び出すことで、タスクリスト情報が配列にまとめて取り出されます。

図8-41：タスクの情報を得るためのアクション。

すべてのタスク情報をスプレッドシートに書き出す

これらのアクションの利用例として、すべてのタスク情報をスプレッドシートに書き出すフローを作ってみましょう。

まず、フローの作成の前にスプレッドシート側の準備をします。Googleタスクの情報ですから、取り出す先もGoogleのスプレッドシートにしましょう。ここまで利用してきた「サンプルシート1」のファイルをGoogleスプレッドシートで開き、新しいワークシートを用意してください。シート名は「タスク」に変更しておきましょう。そして、A1セルから以下のように列名を記述していきます。

タスクID	タイトル	リスト名	終了日	詳細	

ここにGoogleタスクの情報を取り出していくことにします。なお「詳細」の右側には、これまでと同様に「__PowerAppsId__」というPower Platform利用の際に割り当てられるIDが出力されます。

図8-42：「タスク」シートに列名を記入する。

フローを作成する

では、新しいフローを作りましょう。「マイフロー」から「インスタントクラウドフロー」を作成してください。設定は以下のようにしておきます。

フロー名	Googleタスクフロー2
このフローをトリガーする方法を選択します	手動でフローをトリガーします

フローが用意できたら、アクションを追加します。「Google Tasks」コネクタから「タスクリストの一覧表示」アクションを選択し追加してください。

このアクションは、すべてのタスクリストの情報を配列にまとめて取り出すものです。設定などはないので、ただ配置しておくだけでOKです。

図8-43：フローにアクションを追加する。

タスクリストを繰り返し処理する

「タスクリストの一覧表示」で取り出されたタスクリストの配列を処理していきます。これには「Apply to each」が必要ですね。

「コントロール」内の「Apply to each」アクションを追加してください。そして設定項目に動的コンテンツのパネルにある「タスクリストの一覧表示」下の「アイテム」を挿入しましょう。これが取得したタスクリスト情報の配列になります。

図8-44：Apply to eachで繰り返し処理をする。

タスクリストのタスクの一覧表示

　繰り返し部分で、タスクリストからタスクを取得するアクションを用意します。「アクションの追加」を クリックし、「Google Tasks」コネクタから「タスクリストのタスクの一覧表示」アクションを追加してく ださい。

　このアクションでは、タスクを取得するタスクリストIDを設定する必要があります。動的コンテンツの パネルから「タスクリストの一覧表示」下にある「アイテムタスクリストID」を設定しましょう。「タスクリ ストの一覧表示」で取得したタスクリストのIDが設定されています。

図8-45：「タスクリストのタスクの一覧表示」を追加する。

タスクを繰り返し処理する

　これで、タスクリストからタスクを配列で取り出せました。この配列を順に処理していきます。「アクショ ンの追加」をクリックし、「コントロール」内の「Apply to each」アクションを追加してください。

　作成されたアクションの設定項目には、動的コンテンツのパネル内から「タスクリストのタスクの一覧表 示」下にある「アイテム」を追加します。

　同じ「アイテム」という値が「タスクリストの一覧表示」下にもあるので、くれぐれも間違えないようにし てください。ここで使うのはタスク配列のアイテムです。タスクリストの配列から取り出したものではない ので注意しましょう。

図8-46：Apply to eachを使い、タスクの配列から「アイテム」を取り出し処理する。

行の挿入

　作成された2つ目の「Apply to each」（内側にあるもの）の「アクションの追加」をクリックして、スプレッドシートにタスク情報を書き出す処理を用意しましょう。「Googleスプレッドシート」コネクタの中から「行の挿入」アクションを選択します。

　このアクションでは「ファイル」に「サンプルシート1」を設定し、その下にある「ワークシート」では「タスク」を選んでおきます。

図8-47：「行の挿入」でファイルとシートを指定する。

列に項目を設定する

　ワークシートを設定すると、用意した列名の項目が追加表示されます。これらに動的コンテンツを設定していきます。

タスクID	[アイテムタスクID]（タスク リストのタスクの一覧表示）
タイトル	[アイテムタイトル]（タスク リストのタスクの一覧表示）
リスト名	[アイテムタイトル]（タスク リストの一覧表示）
終了日	[アイテム期限]（タスク リストのタスクの一覧表示）
詳細	[アイテムメモ]（タスク リストのタスクの一覧表示）

　「アイテムタイトル」が2つ使われており、片方が「タスクリストのタスクの一覧表示」下にあるもの、もう片方が「タスクリストの一覧表示」にあるものとなります。くれぐれも間違えないようにしましょう。

図8-48：各列の値を設定する。

タスクの処理が完成しました。「Apply to each」の中にさらに「Apply to each」が組み込まれており、非常にわかりにくくなっています。よく内容を確認してから保存してください。

図8-49：完成した繰り返し処理部分。

動作を確認する

完成したらフローを実行しましょう。終了したら、「サンプルシート1」をGoogleスプレッドシートで開いて「タスク」シートの内容がどう変わったか確認してください。タスクの情報が一覧で書き出されいてるのがわかるでしょう。

実際に試してみるとわかりますが、これで取り出されるのは「まだ終了していないタスク」だけです。終了したタスクは取得されません。

	A	B	C	D	E	F
1	タスクID	タイトル	リスト名	終了日	詳細	__PowerAppsId__
2	MzhMZ1hseXAyWT	年末進行	マイタスク	2021-12-24T00:00:00Z	12月は年末進行。全体的に前倒しで進めよう！	796a7ddc894849c7a4854d522f7ba36b
3	LUdUR1JQd2VhOX	サンプルのタスク	マイタスク	2022-03-31T00:00:00Z	サンプルで作成したタスクです。年度末までに終了させること！	4083a9b9c15c471d92465232fe08d907
4	cF9uU2tnd3EwOUlf	書籍締め切り	業務	2021-12-03T00:00:00Z	Power Automate原稿・図版一式をD社担当まで納品。	ca23584555e24577a518ece988f4ac90
5	UzA5SjVNMzJ6TW!	特集原稿	業務	2021-12-17T00:00:00Z	C社月刊誌の特集記事。来年のフレームワークの動向について。	10c9a6b426c54e08bbd150b272c18c52
6	YUsyYUhCSFFWc2	Zoom会議	業務	2021-11-30T00:00:00Z	今後の進め方についての簡単な調整。B社担当者と。	da7d6e727cbf468286c8e666c43e6c30
7	Unp6QlFlbVNXTGd	次回作打ち合わせ	業務	2021-12-10T00:00:00Z	A社出版編集部と打ち合わせ。ノーコード関連の入門書について。	4e06c5682151467489f9f33984fe136d
8	a1ZXMTNvNW80Q	成人式予約	プライベート	2022-01-06T00:00:00Z	ウィシュトンホテルで来年の成人式の予約。	db264a15e7b9491d9b06055b7cfd5a49
9	bUdXODU3Qmc3M	アウトレット買い物	プライベート	2021-11-28T00:00:00Z	ブラックフライデー！ 冬物春物はこの日にまとめてゲット！	6b4c12e88e464dc5a0061253bb5c012a

図8-50：すべてのタスクが書き出されている。

Googleタスクのトリガー

「Google Tasks」コネクタには、タスクを操作したときのためのトリガーも用意されています。以下に簡単にまとめておきましょう。

タスクがタスク一覧に追加されたとき	タスクを作成したときに呼び出されます。
タスク一覧のタスクが完了したとき	タスクを完了にしたときに呼び出されます。現在、(V2)という新しいバージョンがプレビューされています。
タスク一覧のタスクの期限	タスクの期限が過ぎた際に呼び出されます。
新しいタスク一覧が作成されたとき	タスクリストを作成したときに呼び出されます。

これらは基本的に、タスクやタスクリストを作成したときと、タスクの完了または期限切れの際に処理を行うためのものになっています。

図8-51：Google Tasksに用意されているトリガー。

期限が過ぎたらメールで連絡

ごく簡単な利用例として、「タスクの期限が過ぎたらメールで知らせる」というタスクを作ってみましょう。

「マイフロー」で新しいフローを作成します。今回は「自動化したクラウドフロー」を作成します。設定は以下のようにしておきましょう。

フロー名	Googleタスクフロー３
フローのトリガーを選択してください	タスク一覧のタスクの期限

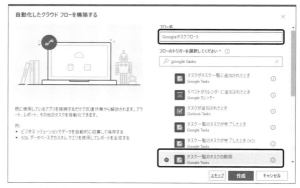

図8-52：自動化したクラウドフローを作成する。

作成したフローの「タスク一覧のタスクの期限」トリガーには、タスクリストのIDを指定するための設定項目があります。これをクリックし、トリガーを割り当てるタスクリストを選択してください。ここでは「マイタスク」を選んでおきました。

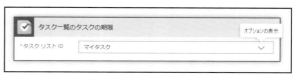

図8-53：トリガーにタスクリストを設定する。

メール通知を送信する

では、このトリガーにアクションを作成しましょう。「Mail」コネクタから「メール通知を送信する」というアクションを選んでください。

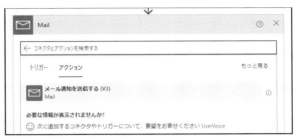

図8-54：Mailのアクションを選択する。

このアクションはすでに何度も使いましたから改めて説明するまでもないですね。3つの設定項目を以下のように設定していきましょう。

宛先	自身のメールアドレスを指定。
件名	「[タスクタイトル]」の期限が過ぎました
本文	[タイトル]と[メモ]を適宜配置する。

本文では、タスクの情報を適当にレイアウトして出力してください。また宛先は、クリックして現れるメニューから「カスタム値の入力」を選んでから直接メールアドレスを記入しましょう。

図8-55：「メール通知を送信する」の設定を行う。

動作を確認

完成したら保存し、動作を確認しましょう。といっても、今回は「タスクが期限切れになったときのトリガー」を使っていますから、実際にタスクが期限切れを迎えないとフローは実行されません。実際に近日中に期限切れになるタスクを作成し、動作するか確認してみましょう。

図8-56：タスクの期限が切れると、このようなメールが届く。

Chapter 8

8.3.

チーム作業

MS Teamsとチーム作業

業務でMicrosoft製品を利用している場合、チームの作業を管理するのに「Microsoft Teams」（以後、Teamsと略）を利用しているところも多いことでしょう。

Teamsではプロジェクトなどに応じて特定のメンバーを集めたチームを作成し、情報を共有したり、不特定のメンバーとチャットを行ったり、さらにはビデオ会議を予約し開催したりできます。最近ではZoom会議なども広く利用されていますが、チームでの作業全般を考えるなら、「Teamsですべて行う」という選択をしているところも多いはずです。

Teamsも、もちろんPower Automateにコネクタが用意されています。Teamsは非常に機能が多いサービスですが、Power Automateでコネクタを使って行えることはだいたい以下のようなものと考えていいでしょう。

- チームやチャットの作成。
- チームやチャットへの投稿。
- チームやチャットの情報取得。

基本的にチームとチャットに関する機能が中心と考えればいいでしょう。それ以外の機能については、現時点ではまだアクションとして用意されていません。例えばカレンダーの情報を細かに取得する機能などは、まだ用意されていないようです。今後、さらにサポート機能は増えるでしょうが、現時点では「Power Automateで利用できるのはチームとチャットの基本機能のみ」と考えておきましょう。

Teamsはビジネスアカウント用

もう1つ、頭に入れておいてほしいのは、「Teamsのコネクタの機能は、基本的にビジネスアカウント用のものだ」という点です。Teamsコネクタ自体はPremiumで提供されているわけではないので無料の個人ベースのアカウントでも使うことができます。しかし個人利用では、Teamsのチーム機能など肝心の部分が使えないため、あまりTeamsを使う意味がありません。また、Teamsは基本的にビジネスアカウントで登録された組織内で使うものであるため、個人アカウントではTeamsコネクタはうまく接続できない場合もあるようです。

したがって、ここでの説明は「ビジネス向けのMicrosoftアカウントを対象としたもの」と考えてください。

チームについて

　では、用意されている機能の使い方を見ていきましょう。まずはチームについてです。チームはTeamsのもっとも中心となる機能でしょう。新しいプロジェクトなどを立てるときはメンバーのチームを作り、その中にチャネルを用意してチーム作業環境を整えます。こうした作業もPower Automateにより自動化できます。

　実際にチームの作成を行ってみましょう。チームを新しく作り、そこに必要なメンバーを追加する作業が必要です。

　まず、メンバーの情報をまとめましょう。今回はExcelのテーブルにメンバーをまとめておくことにします。「サンプルブック」をExcel Onlineで開き、以下のような形でメンバー情報を記述しましょう。

▼メンバー

```
taro@xxx.onmicrosoft.com
hanako@xxx.onmicrosoft.com
sachiko@xxx.onmicrosoft.com
```

　上記に挙げたアカウント名はダミーですので、そのまま記述はしないでください。実際に利用している組織のメンバーに置き換えて記述してください。

　記述したら、すべて選択してテーブルを作成します（先頭行はヘッダーに指定します）。テーブル名は「Teamsメンバー」としておきましょう。

図8-57：「Teamsメンバー」テーブルにアカウントをまとめておく。

フローを作成する

　Power Automateに戻り、新しいフローを作成しましょう。今回もインスタントクラウドフローとして用意します。設定は以下のようにしておきます。

フロー名	Teamsフロー 1
このフローをトリガーする方法を選択します	手動でフローをトリガーします

　フローを作成したらトリガーをクリックして展開し、「入力の追加」をクリックして入力項目を作成しましょう。今回は「チーム名」という名前のテキスト入力を1つだけ用意しておきます。これで、作成するチーム名を入力します。

図8-58：フローに「チーム名」の入力項目を用意する。

チームの作成

　Teamsにアクセスしチームを作成しましょう。「新しいステップ」をクリックし、パネルで「Microsoft Teams」というアイコンをクリックします。これがTeamsのコネクタです。

　このコネクタにはTeams利用のためのアクションが多数用意されています。この中から「チームの作成」というアクションを選択してください。これが新しいチームを作るためのものです。

図8-59：「Microsoft Teams」コネクタから「チームの作成」を選択する。

「チームの作成」アクション

　このアクションには2つの設定項目があります。チーム名とその説明文です。それぞれ以下のように設定をしておきましょう。

チーム名	[チーム名]
説明	[ユーザー名]により作成されたチーム「[チーム名]」です

図8-60：アクションに設定を行う。

テーブルのメンバーを追加する

　チームの作成自体はこれだけです。非常に簡単に行えます。後は、作ったチームにメンバーを追加していくだけです。

　まずはExcelのテーブルから情報を取り出しましょう。「Excel Online(Business)」（今回はビジネスアカウントなので、これを使います）を選択し、「表内に存在する行を一覧表示」アクションを選択してください。

　アクションが追加されたら、以下のように設定を行いましょう。

場所	OneDrive for Business
ドキュメントライブラリ	OneDrive
ファイル	/サンプルブック.xlsx
テーブル	Teamsメンバー

　「Excel Online(Business)」でテーブルを利用する場合、「Excel Online(OneDrive)」と設定が少し違います。ビジネス用では「場所」と「ドキュメントライブラリ」を指定することで、OneDriveのファイルを選択できるようになります。これは、OneDrive以外の場所にあるファイルなども扱えるようにしているためです。

図8-61：テーブルからレコードを取得する。

レコードを繰り返し処理する

　取り出したレコード情報は各レコードの配列になっているので、繰り返し処理をする必要があります。「コントロール」から「Apply to each」アクションをフローに追加してください。設定項目には、動的コンテンツのパネルより「表内に存在する行を一覧表示」下にある「value」を設定します。これが、取得した各レコード情報を配列として保管しているところです。

図8-62：Apply to eachを作り、「value」を設定する。

チームにメンバーを追加する

繰り返し処理でメンバーを追加していきましょう。「Apply to each」内の「アクションの追加」をクリックし、「Microsoft Teams」コネクタから「チームにメンバーを追加する」アクションを選択してください。

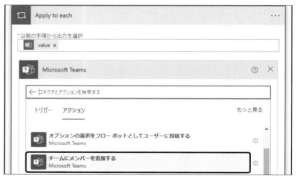

図8-63：「チームにメンバーを追加する」アクションを選択する。

作成されたアクションには2つの設定項目があります。それぞれ以下のように動的コンテンツを設定してください。

チーム	[新しいチームID]（チームの作成）
チームに追加するユーザーのAAD ID	[メンバー]（表内に存在する行を一覧表示）

これで、作成したチームにExcelのテーブルから取り出したメンバーの値が追加されていきます。

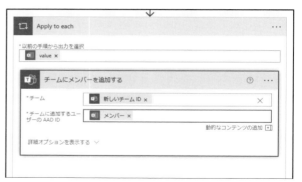

図8-64：アクションに動的コンテンツを設定する。

動作を確認する

フローができたら保存し、フローを実行すると、チーム名を入力する画面が現れます。ここで適当に名前を入力し実行すれば、その名前のチームが作成されます。

図8-65：チーム名を入力する。

フロー終了後、Teamsを開いてチームを
見てみましょう。入力した名前のチームが作
成され、Excelの「Teamsメンバー」に用意
したメンバーが追加されているのがわかるで
しょう。

図8-66：チームが作成され、メンバーが追加されている。

チャットの作成

チームと同様に、チャットも簡単に作成することができます。「チャットの作成」というアクションとし
て用意されています。

チャットはチームと違い、作成する段階でチャットする相手のアカウントも指定する必要があります。
「チャットの作成」アクションにはチャットのタイトルとともに、「追加するメンバー」という設定項目が用意
されています。ここに追加するメンバーのアカウントを記入しておきます。複数メンバーを追加する場合は、
それらをカンマまたはセミコロンでつなげた値を指定します。

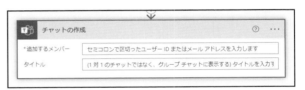

図8-67：チャットの作成は追加するアカウントを指定する。

チームにメッセージを投稿する

チームのチャネルやチャットにメッセージを投稿することもできます。これは、実は1つのアクションし
かありません。同じアクションでチームにもチャットにもメッセージを投稿できます。

簡単なフローを作りましょう。「マイフロー」で新しいインスタントクラウドフローを作成してください。
設定は以下のようにしておきます。

フロー名	Teamsフロー2
このフローをトリガーする方法を選択します	手動でフローをトリガーします

作成したら、トリガーに入力項目を1つ用
意しましょう。「メッセージ」というテキスト
入力項目を作成してください。

図8-68：入力項目を1つ用意する。

チャットまたはチャネルでメッセージを投稿する

　では、アクションを追加しましょう。「Microsoft Teams」コネクタにある「チャットまたはチャネルで
メッセージを投稿する」というアクションを選択してください。これがメッセージ投稿のためのアクション
です。このアクションには初期状態で「投稿者」と「投稿先」という2つの設定項目が用意されています。そ
れぞれクリックすると、以下のような選択肢がリストとして表示されます。

・「投稿者」に用意されている値

ユーザー	フローで接続しているユーザーとして投稿。
フローボット	ボットとして投稿。
Power Virtual Agents	プレビュー版。Power Virtual Agentsとして投稿。

・「投稿先」に用意されている値

Channel	特定のチームのチャンネルに投稿。
Chat with Flow bot	フローボットのチャットに投稿。
Group chat	特定のチャットに投稿。

　この2つで、どういう立場でどこにメッ
セージを投稿するかが決まります。それに
よって、さらに下に追加表示される項目も変
化します。

図8-69：メッセージ投稿のアクションには2つの設定が用意されている。

ユーザー本人としてチャンネルに投稿する

　設定をしましょう。ユーザー自身の立場で、
先ほど作成したチームのチャンネルに投稿す
ることにします。2つの項目を以下のように
設定してください。

投稿者	ユーザー
投稿先	Channel

　これらを設定すると、その下に追加の設定
項目が現れます。これらにより、投稿する
チャンネルとメッセージが設定されます。

図8-70：チャネルに投稿するための設定が追加される。

投稿情報を設定する

　では、新たに追加された設定項目を設定していきましょう。以下のように値を設定してください。

Team	投稿するチームを選択する
Channel	投稿するチャンネルを選択する
Message	[メッセージ]
Subject	Power Automateより投稿

TeamとChannelは、先ほどフローを使って作成したチームの「一般（General）」チャネルを選択しておけばいいでしょう。Subjectはそれぞれで自由に設定してかまいません。

図8-71：投稿情報を設定する。

テスト投稿する

完成したらフローを保存し、実際に実行してみましょう。投稿メッセージを入力する表示が現れるので、ここで入力し投稿します。

図8-72：メッセージを入力する。

フローが終了したら、Teamsを開いて投稿したチームのチャネルを見てみましょう。メッセージが追加されているのが確認できるでしょう。

図8-73：メッセージが投稿されている。

会議をスケジュールする

　メッセージの他に、自動化できると便利なものに「会議」があります。Power Automateには会議作成のためのアクションも用意されています。これを利用することで会議の予約を自動生成できます。

　ただし、会議の予約にはかなり細かな情報を用意しなければいけません。名前などだけでなく、会議の開始と終了の日時を明確に指定しなければ作成できないのです。これらの値をどう用意するか考えておく必要があるでしょう。

　実際の利用例として、「日付と時刻、タイトルを入力して会議を予約する」というフローを考えてみましょう。新しいインスタントクラウドフローを作成し、以下のように設定してください。

フロー名	Teamsフロー3
このフローをトリガーする方法を選択します	手動でフローをトリガーします

　作成したら、トリガーの「入力の追加」を使って入力項目を作成します。以下の3つの項目を用意してください。

会議の日付	「日付」の入力項目
会議の時刻	「数」の入力項目
会議の名称	「テキスト」の入力項目

　時刻は2桁の整数で開始時刻を記入します。10 ～ 22の範囲の整数に対応します。9時からの会議は設定できないので注意ください。

図8-74：3つの入力項目を用意する。

Excelテーブルからメンバーを取得する

　会議の作成をする前に、参加するメンバーの情報を用意しましょう。先ほど作成したExcelの「メンバー」テーブルに記述したメンバーの値を元に作成することにします。

　では、「Excel Online(Business)」コネクトから「表内に存在する行を一覧表示」アクションを追加してください。そして以下のように項目を設定しましょう。

場所	OneDrive for OneDrive
ドキュメントライブラリ	OneDrive
ファイル	/サンプルブック.xlsx
テーブル	Teamsメンバー

図8-75：「表内に存在する行を一覧表示」アクションを作成する。

　値をまとめる変数を用意します。「変数」コネクタから「変数を初期化する」アクションを追加し、以下のように設定をします。

名前	メンバー
種類	文字列
値	（なし）

図8-76：変数の初期化を行う。

変数にテキストをまとめる

　続いて、「コントロール」から「Apply to each」アクションを追加します。設定項目に動的コンテンツのパネルにある「表内に存在する行を一覧表示」下の「value」を追加します。

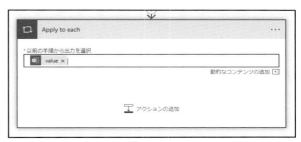

図8-77：Apply to eachを作成する。

　「変数」コネクタから「文字列変数に追加」アクションを追加し、以下のように設定を行います。

名前	メンバー
値	（式を設定）

　「値」の部分は動的コンテンツのパネルから「式」を選択し、以下のように入力してください。

▼リスト8-1
```
concat(items('Apply_to_each')?['メンバー'],';')
```

　これで、「メンバー」変数にメンバーの値が追加されていきます。こうして作成できた「メンバー」変数を参加者として利用すればいいのです。

図8-78：メンバーに値を追加していく。

Teams 会議の作成

　会議を作るアクションを用意しましょう。「Microsoft Teams」コネクタから「Teams 会議の作成」というアクションを選択してください。これが会議予約のためのアクションです。

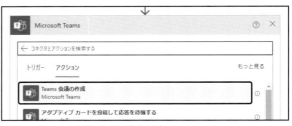

図8-79：「Teams 会議の作成」を追加する。

　このアクションには全部で8個の設定項目が用意されています。これらはすべて必須ではありませんが、最低でも6項目の入力が必要になります。以下にそれぞれの役割を整理しておきましょう。

カレンダー ID	利用するカレンダーのIDを指定します。これはプルダウンリストから選択できます。
件名	会議の名称です。
メッセージ	説明などのテキストを指定します。
タイムゾーン	場所のタイムゾーンです。日本なら「Tokyo Standard Time」を選択しておきます。
開始時間	会議の開始日時を指定します。
終了時間	会議の終了日時を指定します。
必須の出席者	必ず参加するメンバーのアカウントを用意します。
任意の出席者	任意参加のメンバーのアカウントを用意します。

　これらのうち、出席者の項目以外はすべて値を設定しておく必要があります。カレンダー IDやタイムゾーンなどはあらかじめ指定しておけばいいでしょう。その他は、作成する会議の内容に応じた値を用意する必要があります。

図8-80：全部で8項目が用意されている。

設定項目に値を用意する

では、これらの項目に値を設定していきましょう。まずは以下の項目に値を設定してください。

カレンダー ID	「Calendar」を選択
件名	［会議の名称］
メッセージ	「［会議の名称］」の会議です。
タイムゾーン	「Tokyo Standard Time」

図8-81：各項目の値を設定する。

日時を式で入力する

問題は「開始時間」と「終了時間」です。これらは、入力した日付と数の値を元に日時の値を作成して設定をします。

まず「開始に時間」からです。項目を選択し、動的コンテンツのパネルから「式」を選択して表示を切り替えてください。そして以下のよう入力しましょう。

▼リスト8-2

```
concat(triggerBody()['date'],'T',triggerBody()['number'],':00:00')
```

続いて「終了時間」です。こちらも動的コンテンツのパネルから「式」を選択して以下を記述します。

▼リスト8-3

```
concat(triggerBody()['date'],'T',add(triggerBody()['number'],1),':00:00')
```

これで開始時間と終了時間が設定されるようになりました。ここでは入力項目の値（「会議の日付」と「会議の時刻」）を使って日時のテキストを作成しています。終了時間は開始時間の1時間後にしてあります。

図8-82：開始時間（上）と終了時間（下）は式で設定する。

動作を確認する

完成したらフローを保存して動作を確認しましょう。実行すると、日付、時刻、名称を入力する画面が現れます。時刻は10〜22までの整数で入力してください。これらを記入し実行すると、会議の予約がされます。

図8-83：会議の日付と時刻、名前を記入する。

フローが終了したらTeamsを開き、左側の「カレンダー」アイコンをクリックして予定を確認してください。入力した日付の指定の時刻に1時間の会議が作成されています。

図8-84：会議が作成されている。

Teamsのトリガーを利用する

Teamsのコネクタには、アクションの他にも「トリガー」が多数用意されています。これらを利用することで、Teamsで操作を行った際に自動的に処理を実行させることができます。

用意されているトリガーは以下のようになります。

- チャネルに新しいメッセージが追加されたとき。
- チャネルのメッセージで自分がメンションされているとき。
- 選択したメッセージに対してキーワードが言及された場合。
- 自分が@menthonedである場合。
- 新しいチームメンバーが追加されたとき。
- 新しいチームメンバーを削除したとき。

図8-85：Teamsに用意されているトリガー。

チームに投稿されたら返信しメールで通知

　簡単なサンプルを作ってみましょう。チームのチャネルにメッセージが投稿されたらそれに自動返信し、メッセージ内容をメールで通知するフローを作ってみます。まずは新しいフローを用意します。今回は「自動化したクラウドフロー」を作成します。設定は以下のようにしておきましょう。

フロー名	Teamsフロー4
フローのトリガーを選択してください	チャネルに新しいメッセージが追加されたとき

　使用するトリガーは、検索フィールドから「teams」と入力して検索すると見つけやすいでしょう。

図8-86：自動化したクラウドフローを作成する。

トリガーを設定する

　フローが作成されたら、用意されたトリガーを設定しましょう。「チャネルに新しいメッセージが追加されたとき」トリガーには、監視するチームとチャネルを設定するための項目が用意されています。チェックするチームとチャネルをプルダウンメニューから選んでください。

図8-87：チームとチャネルを設定する。

チャネル内のメッセージで応答します

　メッセージに返信するアクションを用意しましょう。「Microsoft Teams」コネクタから「チャネル内のメッセージで応答します」というアクションを選択し追加してください。これが、指定されたメッセージに返信をするアクションです。このアクションには、返信するメッセージと返信内容に関する細かな設定が用意されています。それぞれ以下のように設定していきましょう。

投稿者	「Flow bot」を選択
投稿先	「Channel」を選択
Message ID	[メッセージID]
Team	（対象となるチームを選択）
Channel	（対象となるチャネルを選択）
Message	※メッセージの投稿を知らせました。

TeamとChannelはトリガーに指定したものと同じものを設定しておけばいいでしょう。

図8-88：アクションの設定項目に値を用意する。

メール通知を受け取る

メッセージの内容をメールで送りましょう。「通知」コネクタから「メール通知を受け取る」アクションを選択し追加してください。そして以下のように設定項目を設定しましょう。

件名	「[メッセージ件名]」のメッセージが送られました
本文	[メッセージ本文コンテンツ]

図8-89：メッセージの設定を行う。

動作を確認する

完成したらフローを保存し、テスト実行してください。待機状態になったらTeamsに切り替え、フローで監視しているチームのチャネルにメッセージを投稿してみましょう。

図8-90：チームのチャネルにメッセージを投稿する。

　実行中のフローが作動し、投稿したメッセージに「※メッセージの投稿を知らせました。」という返信が自動追記されます。

図8-91：メッセージに自動的に返信がされる。

　また、自身のOutlookをチェックすると、投稿したメッセージの内容がメールで送られてくるのがわかるでしょう。このようにトリガーを利用すると、チームやチャットへの投稿などに応じた自動処理が作成できるようになります。

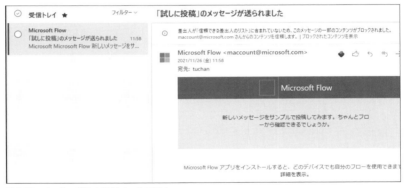

図8-92：メッセージの内容がメールで届く。

Slackの利用について

　Teamsの基本的な使い方はこれでわかりました。では、Teams以外のチーム管理ツールはどうでしょうか。
　Teamsの他に、最近では「Slack」もチーム管理に広く利用されているでしょう。これもPower Automate にコネクタが用意されています。ただし、用意されているアクション類はTeamsに比べるとそれほど多くはありません。Slackのコネクタに用意されているアクションは以下のようになります。

- チャネルを作成する。
- パブリックチャネルの一覧(プレビュー)。
- メッセージの投稿(V2)。
- 応答不可の設定。
- 公開チャネルに参加する。
- 公開チャネルの一覧を表示する。

ざっと見ればわかるように、チャネルの作成やメッセージの投稿など基本的な機能に限られています。

またトリガーについても、「ファイルが作成されたとき」というトリガーが1つ用意されているだけで、メッセージやチャネルの作成更新などのためのトリガーは現時点ではありません。

こうしたことから、Power Automateから利用できるSlackの機能は、現時点ではチャネルとメッセージの基本的な機能だけに限られていると考えてましょう。

図8-93：「Slack」コネクタに用意されているアクション。

チャネルを作ってメッセージを送信する

簡単な例として新しいチャネルを作成し、メッセージを送信するフローを作成してみましょう。新しいインスタントクラウドフローを作成してください。

設定は以下のようにしておきます。

フロー名	Slackフロー1
このフローをトリガーする方法を選択します	手動でフローをトリガーします

入力項目を追加する

新しいフローが表示されたら、トリガーの「入力を追加」を使って入力項目を作成しましょう。ここでは以下の2つの項目を用意しておきます。

チャネル名	「テキスト」の項目
メッセージ	「テキスト」の項目

図8-94：トリガーに入力項目を用意する。

Slackにサインインする

アクションを作成しましょう。「Slack」コネクタから「チャネルを作成する」というアクションを選択し、追加してください。

まだ、この段階では「Slackへの接続を作成するには、サインインしてください。」というメッセージが表示されています。「サインイン」ボタンをクリックしてサインインをしましょう。

図8-95：「サインイン」ボタンをクリックしてサインインする。

ワークスペースのURLを入力

「ワークスペースにサインインする」というウインドウが現れます。ここで、利用するワークスペースのURLを入力します。Slackのワークスペースは「ワークスペース名.slack.com」というURLになっています。ワークスペース名を記入して「続行する」ボタンをクリックしてください。

図8-96：ワークスペースのURLを入力する。

Slackにサインインする

「○○にサインインする」（○○はワークスペース名）という表示に変わるので、ユーザー名とパスワードを入力しサインインします。GoogleかAppleのアカウントがあれば、それでサインインすることもできます。

図8-97：ワークスペースにサインインする。

　Slackに要求するアクセス権限の一覧が表示されます。下にある「許可する」ボタンをクリックするとアクセスが可能になります。

図8-98：アクセス内容を確認し、「許可する」ボタンをクリックする。

チャネル作成とメッセージ送信

　追加した「チャネルを作成する」アクションが利用可能となります。利用するチャネルを選択するための項目と、非公開にするかどうかを指定する項目が用意されています。これらは以下のように設定しておきましょう。

名前	[チャネル名]
非公開のチャネルかどうか	はい

図8-99：アクションの設定を行う。

メッセージの投稿

　続いて、メッセージを投稿するアクションを用意しましょう。「Slack」コネクタから「メッセージの投稿(V2)」というアクションをクリックしてください。
　このアクションには2つの設定項目が用意されています。それぞれ以下のようにしてください。

チャネル名	[チャネル名前]
メッセージテキスト	[メッセージ]

図8-100：チャネル名とメッセージテキストを指定する。

　「チャネル名」の値は、まずプルダウンリストから「カスタム値の入力」を選び、それから動的コンテンツのパネルにある「チャネルを作成する」下の「チャネル名前」を選択してください。これで、作成したチャネルの名前が設定されます。

動作を確認する

　フローを保存し、動作を確認しましょう。実行すると、新たに作る
チャネル名と投稿するメッセージを入力する表示が現れます。これら
を記入して実行してください。

図8-101：チャネル名とメッセージを入力
する。

　フローが終了したらSlackを開き、ワークスペースを表示してください。チャネルが作成され、そこにメッセージが投稿されています。

　このように、チャネルの作成やメッセージの投稿は非常に簡単に行えます。あまり複雑なことはできませんが、ちょっとしたメッセージ投稿のためのフローなどはすぐに作れるようになりますよ。

図8-102：Slackにチャネルが作成されている。

Chapter
8

8.4.

承認処理

承認とは?

　ビジネス関係のサービスをPower Automateから利用するようになった場合、併せて覚えておいてほしいのが「承認」の機能です。

　承認とは他の人間に許可を得ることです。ビジネスシーンでは、必要に応じて上司や担当者などから許可を得なければ作業が行えないことがあります。このような場合に用いられるのが「承認」です。

　「承認」はコネクタとして用意されています。このアクションで担当者に承認の要求を送り、その結果を受けて処理を行わせることが可能になります。

「承認」コネクタについて

　「承認」コネクタは承認と待機のためのアクションが用意されている、非常にシンプルなものです。アクションは以下の3つです。

開始して承認を待機	承認を作って待機する。
承認を作成	承認を作成する。
承認を待機	承認を待機する。

　承認の機能は、承認を作成するとTeamやOutlookメールなどに承認の要求が送られます。そこで承認が行われるまでフローを待機させることができます。

　3つのアクションがありますが、承認の処理の流れを考えるなら「開始して承認を待機」の1つだけ使い方を覚えておけばいいでしょう。他の2つはこのアクションの動作を2つに分けただけで、働きとしては同じですから。

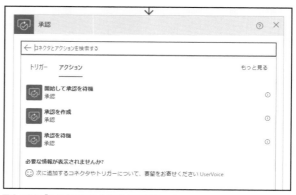

図8-103:「承認」に用意されているアクション。

チーム作成の承認を受ける

　この承認はただ実行するだけでなく、「相手が承認されるまで待つ」という独特の働きをします。したがって、処理の作り方も承認の流れに沿った形で用意する必要があります。

　実際に簡単な承認フローを作ってみましょう。サンプルとしてTeamsのチーム作成の承認を要求し、承認されたらチームを作る、というフローを作成します。

　では、新たにインスタントクラウドフローを用意してください。設定は以下の通りです。

フロー名	承認フロー1
このフローをトリガーする方法を選択します	手動でフローをトリガーします

入力項目の用意

　作成したら、トリガーに入力項目を用意します。今回作成しておくのは以下の1項目のみです。

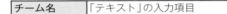

チーム名	「テキスト」の入力項目

図8-104：トリガーに入力項目を1つ用意する。

開始して承認を待機

　フローができたら、アクションを用意しましょう。「承認」コネクタの中から「開始して承認を待機」アクションを選択してください。

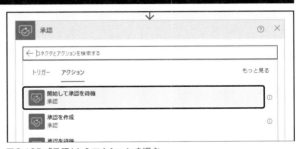

図8-105：「承認」からアクションを選ぶ。

承認の種類

　このアクションでは、最初に「承認の種類」という設定項目が1つだけ表示されます。どのような承認を行うのかを指定するものです。クリックするとリストがプルダウンし、値を選べるようになっています。用意されている値は以下のものです。

カスタム応答-1つの応答を待機	応答を独自に用意し、1人が応答すれば終了する。
カスタム応答-すべての応答を待機	応答を独自に用意し、すべてのユーザーが応答すれば終了する。
承認/拒否 すべてのユーザーの証人が必要	「承認」「拒否」のいずれかを全ユーザーが応答すれば終了する。
承認/拒否 最初に応答	「承認」「拒否」のいずれかを1人が応答すれば終了する。

　一般的な承認は、「承認／拒否」の２つの種類のどちらかを使えばいいでしょう。誰か一人でも承認すれば許可されるのか、すべての人間の承認がないとダメなのか、それによってどちらを使うか決まります。

　「カスタム応答」は、応答を自分で定義できます。例えば、「理解した」「わからない」「追加説明を！」のような応答の項目を用意することができます。一般的な承認とは少し違った要求を送れるわけですね。これは「承認／拒否」の後で使ってみることにします。

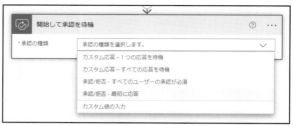

図8-106：承認の種類は４つ用意されている。

「承認／拒否 最初に応答」の設定

　今回は、承認の種類から「承認／拒否 最初に応答」を選択しましょう。誰かが承認してくれれば許可されるタイプのもので、承認のもっとも基本となるものでしょう。これで承認の使い方を覚えることにしましょう。

　承認の種類を選ぶと、下にさらに設定項目が現れます。以下のような内容です。

タイトル	承認のタイトルです。
担当者	承認をもらう担当者のアカウントを指定します。複数いる場合はカンマ化セミコロンで区切って記述します。
詳細	承認の詳細情報をテキストで用意します。
アイテムリンク	関連リンクがある場合、URLを指定します。
アイテムリンクの説明	関連リンクの説明テキストです。

　最後のアイテムリンク関係の項目はオプションであり、必要なければ設定しなくてもかまいません。それ以外のものは、すべて設定する必要があります。

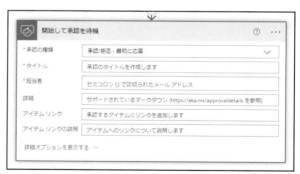

図8-107：「承認／拒否 最初に応答」に設定を行う。

設定項目に値を用意する

　これらの項目に値を用意していきましょう。それぞれ以下のように入力してください。

タイトル	「[チーム名]」チーム作成
担当者	（それぞれのメンバーから任意に設定）
詳細	「[チーム名]」というチームを新たに作成したいので、承認をお願いします。

アイテムリンクは特に用意していません。これにより指定した承認を担当者に送り、その結果が送られてくるまでフローは実行を停止して返信を待ち続けるようになります。

図8-108：アクションの設定を行う。

承認結果を元に処理を行う

この後に用意されるアクションは、承認の結果がわかったところで呼び出されます。ここでは「コントロール」から「条件」アクションを用意しましょう。

「条件」には、条件を設定するための3つの項目が用意されています。それぞれ以下のように設定してください。

[結果]	次の値に等しい	Approve			

「承認/拒否」の承認の種類では、承認されると「Approve」という値が返されます（拒否された場合は「Reject」が返されます）。ここでは「承認/拒否 最初に応答」を選択しているので、誰か一人が応答すれば待機状態だった処理は再開され、応答した人の返事が「結果」の動的コンテンツで得られます。これをチェックすれば、どういう応答がされたかがわかるわけです。

図8-109：「条件」に条件を設定する。

「はい」にチームの作成

条件の「はい」のところに、チームを作成するアクションを用意しましょう。「Microsoft Teams」コネクタから「チームの作成」アクションを追加し、以下のように項目を用意しましょう。

チーム名	[チーム名]
説明	[ユーザー名]が作成したチームです

「ユーザー名」はトリガーに用意されている
もので、フローを作成した本人の名前になっ
ています。これを使って説明文を用意してお
きました。

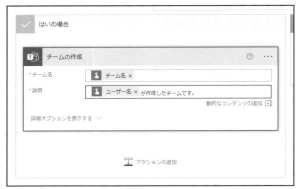

図8-110：「はい」に「チームの作成」を用意する。

　これで承認後の処理が完成しました。条件部分の内容をよく確認しておきましょう。「はい」にのみ処理
を用意し、「いいえ」には何も用意していません。承認されたときだけ行動を起こすようにしているのがわか
るでしょう。

図8-111：条件の全体像。「いいえ」には何も用意しない。

動作を確認する

　では、動作を確認しましょう。フローを保存した後、実行してくだ
さい。最初にチーム名を尋ねてくるので、これを入力してフローを実
行します。

図8-112：チーム名を入力する。

　Teamsを開いておくと、「アクティビティ」のところに「〇〇は要求を送信しました」という項目が表示されます。これをクリックすると、要求の内容が右側に表示されます。ここで「拒否」「承認」のいずれかのボタンをクリックして承認を行います。

図8-113：Teamsに承認の要求が表示される。

　承認したら、Teamsの「Teams」アイコンをクリックしてチームの表示に切り替えてみましょう。入力した名前のチームが作成されています。動作を確認できたら再度フローを実行し、今度は拒否してみてください。拒否するとチームは作成されません。

図8-114：入力した名前のチームが作成されている。

「カスタム応答-すべての応答を待機」を使う

　「承認/拒否 最初に応答」でもっとも基本的な承認の使い方がわかったところで、今度は「カスタム応答」で、さらに「すべての応答を待機」の処理を利用してみましょう。

　カスタム応答は応答を自分で用意することができます。これにより、単純な「承認」「拒否」以外の選択を求めることが可能になります。また「すべての応答を待機」では、複数の担当者を設定していた場合にはそれらすべての人の応答を得てから処理が続行されるようになります。この場合の応答の扱い方も学ぶ必要があるでしょう。

削除したユーザーを取り消す

実際の利用例としてTeamsのトリガーを利用し、「チームからユーザーが削除されたら、それについての確認の要求を送り、場合によっては再び再登録する」というフローを作ってみましょう。

まずはフローの作成からです。今回は「自動化したクラウドフロー」として作成をします。設定は以下のように行ってください。

| フロー名 | 承認フロー2 |
| フローのトリガーを選択してください | 新しいチームメンバーを削除したとき |

フローの指定は、フロー名下のフィールドから「teams」を検索するとすぐに見つかります。

図8-115：自動化したクラウドフローを作成する。

フローが作成されたら、トリガーに用意されている「チーム」設定をクリックし、プルダウンして現れるリストから監視するチームを選択してください。

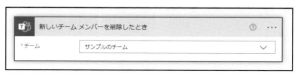

図8-116：トリガーにチームを設定する。

「Office 365 Users」でユーザー情報を得る

この「新しいチームメンバーを削除したとき」トリガーは、指定されたチームからメンバーが削除されると実行されます。このとき、削除されたユーザーのIDが値として取り出され、動的コンテンツから利用できるようになります。

ただし、IDは意味不明な文字の羅列ですから、これを表示して「このユーザーを削除しますか？」と確認しても誰もわからないでしょう。要求を出す場合は、あらかじめユーザー名を調べておく必要があります。

ビジネスアカウントを利用している場合（つまりMicrosoft 365を契約している場合）、Teamsなどの製品で利用されているユーザー情報には「Office 365 Users」というコネクタを使ってアクセスすることができます。

このコネクタには自身のプロフィールや特定のユーザーのプロフィールの取得、ユーザーの検索、上司や部下のユーザーの取得などといったアクションがまとめられています。ユーザーのIDがわかれば、これらを使ってユーザー名などを調べることができます。

図8-117：ユーザー情報を調べる「Office 365 Users」コネクタ。

ユーザープロフィールの取得

アクションを作成しましょう。「新しいステップ」をクリックして、現れたパネルから「Office 365 Users」を検索し選択してください。そしてアクションの一覧から、「ユーザープロフィールの取得(V2)」というアクションを探して選択してください。

図8-118：「ユーザープロフィールの取得(v2)」を選択する。

このアクションは、ユーザーのIDなどからユーザー情報を取得するものです。アクションを配置すると、「ユーザー (UPN)」という項目が表示されます。これは「User Principal Name」の略で、Office 365（現Microsoft 365）などで採用されているユーザー名です。この設定項目ではUPNやユーザー IDを設定すると、それを元にユーザー情報が取得されます。

では、この設定項目に動的コンテンツのパネルから「ユーザー ID」を入力してください。これが「新しいチームメンバーを削除したとき」トリガーで得られる、削除したユーザーのIDです。

図8-119：アクションに「ユーザー ID」を設定する。

「開始して承認を待機」の用意

承認のアクションを用意しましょう。「Microsoft Teams」コネクタから「開始して承認を待機」アクションを選択し、設定を以下のように行っていきましょう。

承認の種類	カスタム応答-すべての応答を待機
応答オプション項目	「問題なし」「要確認」「呼び戻せ！」の3つを用意
タイトル	[表示名] さんが削除されました
担当者	（自身の組織内の担当者アカウントを記述）
詳細	チームから、「[表示名]」さんが削除されました。ご確認をお願いします。

　「応答オプション項目」は、デフォルトでは1つだけ項目が用意されています。この欄の下部にある「新しい項目の追加」ボタンをクリックすることで項目数を増やすことができます。

　また動的コンテンツの「表示名」は、動的コンテンツのパネルにある「ユーザープロフィールの取得(v2)」下に用意されているものです。ここには取得したユーザーに関する情報の動的コンテンツが多数用意されています。どのような情報が得られるのか、一通りチェックしておきましょう。

図8-120：「開始して承認を待機」アクションを作成する。

承認をチェックして処理する

　今回は承認の種類から「すべての応答を待機」というタイプのものを選んでいます。これは、担当者に設定したユーザーすべてから応答があるまで待機し、すべて応答が済んだら続きのアクションに進みます。このとき、全ユーザーからの応答を結果として用意するので、それを元に処理を行うことになります。

　では、「コントロール」から「条件」アクションを選択し追加しましょう。そして、条件の3項目を以下のように設定してください。

[結果]	次の値を含む	呼び戻せ！				

　「開始して承認を待機」に用意されている「結果」動的コンテンツには、すべてのユーザーの承認結果（選んだ選択肢のテキスト）がセミコロンで区切られ、1つのテキストにまとめられた状態で設定されています。ここでは「呼び戻せ！」を選んだ人が一人でもいたなら、ユーザーを再登録することにします。

　「結果」は1つのテキストなので、「次の値を含む」を使うことで、「呼び戻せ！」という値がその中に含まれているかどうか（つまり、「呼び戻せ！」を選んだ人がいるかどうか）がわかります。逆に、「誰も『呼び戻せ！』を選んでない」ことをチェックするなら、「次の値を含まない」を使えば確認できます。

図8-121：「条件」に条件を設定する。

「はい」でユーザーを再登録する

条件を満たしていた場合（つまり、誰かが「呼び戻せ！」を選んだ場合）の処理を用意しましょう。「はい」の「アクションの追加」をクリックし、「Microsoft Teams」コネクタから「チームにメンバーを追加する」アクションを選んで追加して以下のように設定をします。

チーム	（トリガーで選んだのと同じチームを選択）
チームに追加するユーザーのAAD ID	[ユーザー ID]

「ユーザー ID」は、「新しいチーム メンバーを削除したとき」トリガーにある動的コンテンツです。これで、削除したユーザーが再度チームに追加されます。

図8-122：「はい」でユーザーをチームに追加する。

「いいえ」でメッセージを投稿する

続いて、条件を満たしていなかった場合の処理です。今回は承認結果のメッセージをチームのチャネルに送信しておきます。

「いいえ」の「アクションの追加」をクリックし、「Microsoft Teams」コネクタから「チャットまたはチャネルでメッセージを投稿する」アクションを選択します。そして以下のように設定を行います。

投稿者	フローボット
投稿先	Channel
Team	（トリガーで選んだのと同じチームを選択）
Channel	（投稿先チャネル。ここではデフォルトの「General」を選択）
Message	[表示名]さんの削除が承認されました。

これは「承認されなかった場合の処理」のサンプルですので、アクションの内容などはそれぞれ自由に作成してかまいません。

図8-123：「いいえ」でメッセージを投稿する。

動作を確認する

動作を確認しましょう。フローを保存し、テスト実行してください。待機状態になったらTeamsを開いて、監視対象となっているチームを選択します。

チームの一覧リストから、チーム名の項目右端にある「…」をクリックし、現れたメニューから「チームを管理」を選ぶとチームの詳細設定が画面に現れます。そこに、チームに所属しているユーザーの一覧が表示されます。ここからユーザー名の右端にある「×」をクリックしてユーザーを削除しましょう。

図8-124：チームに所属するユーザーを削除する。

担当者に設定されていたアカウントのTeamに「〇〇さんが削除されました」というタイトルの承認の要求が送られてきます。ここで下部の値を選択し送信してください。すべての担当者が送信するとフローが実行され、送信内容に応じて処理が行われます。

「呼び戻せ！」を誰かが選択していると、削除したユーザーが再びチームに追加されます。また、誰も「呼び戻せ！」を選んでいないとユーザーは削除されたままとなり、チームから消えます。

図8-125：ユーザーを削除すると、要求が送られてくる。

「承認」は「開始して承認を待機」が基本

以上、「承認」を使った簡単なフローについて説明をしました。承認には3つのアクションがありますが、「開始して承認を待機」が基本と考えてください。

その他の2つは、「開始」と「承認を待機」をそれぞれ別のフローなどで行うような場合にのみ使うものです。この場合、作成した承認のIDをどこかに保存し、それを元に待機を行う必要があるため、承認システムについてある程度理解していないといけません。まずは「開始して承認を待機」で承認をしっかりと使えるようになりましょう。

Index

掌田津耶乃（しょうだ つやの）

日本初のMac専門月刊誌「Mac+」の頃から主にMac系雑誌に寄稿する。ハイパーカードの登場により「ビギナーのためのプログラミング」に開眼。以後、Mac、Windows、Web、Android、iOSとあらゆるプラットフォームのプログラミングビギナーに向けた書籍を執筆し続ける。

近著：
「ノーコード開発ツール超入門」（秀和システム）
「見てわかる Unity Visual Scripting超入門」（秀和システム）
「Office ScriptによるExcel on the web開発入門」（ラトルズ）
「TypeScriptハンズオン」（秀和システム）
「Google Appsheetではじめるノーコード開発入門」（ラトルズ）
「Kotlinハンズオン」（秀和システム）
「Power Appsではじめるローコード開発入門 Power FX対応」（ラトルズ）

著書一覧：
http://www.amazon.co.jp/-/e/B004L5AED8/

ご意見・ご感想：
syoda@tuyano.com

本書のサポートサイト：
http://www.rutles.net/download/523/index.html

装丁　米本　哲
編集　うすや

Power AutomateではじめるノーコードiPaaS開発入門

2022年1月31日　　初版第1刷発行

著　者　掌田津耶乃
発行者　山本正豊
発行所　株式会社ラトルズ
〒115-0055　東京都北区赤羽西4-52-6
電話 03-5901-0220　FAX 03-5901-0221
http://www.rutles.net

印刷・製本　株式会社ルナテック

ISBN978-4-89977-523-2　Copyright ©2022 SYODA-Tuyano
Printed in Japan